MIX
Papier aus verantwortungsvollen Quellen
Paper from responsible sources
FSC® C105338

Valérie Bischof

Effizienzerhöhung von Fluidfördersystemen

disserta
Verlag

Bischof, Valérie: Effizienzerhöhung von Fluidfördersystemen,
Hamburg, disserta Verlag, 2010

ISBN: 978-3-942109-28-4
Druck: disserta Verlag, ein Imprint der Diplomica® Verlag GmbH, Hamburg, 2010

Bibliografische Information der Deutschen Nationalbibliothek
Die Deutsche Nationalbibliothek verzeichnet diese Publikation in der Deutschen Nationalbibliografie; detaillierte bibliografische Daten sind im Internet über http://dnb.d-nb.de abrufbar.

Die digitale Ausgabe (eBook-Ausgabe) dieses Titels trägt die ISBN 978-3-942109-29-1 und kann über den Handel oder den Verlag bezogen werden.

Technische Universität Darmstadt
Fachbereich Maschinenbau
Fachgebiet Fluidsystemtechnik

Dieses Werk ist urheberrechtlich geschützt. Die dadurch begründeten Rechte, insbesondere die der Übersetzung, des Nachdrucks, des Vortrags, der Entnahme von Abbildungen und Tabellen, der Funksendung, der Mikroverfilmung oder der Vervielfältigung auf anderen Wegen und der Speicherung in Datenverarbeitungsanlagen, bleiben, auch bei nur auszugsweiser Verwertung, vorbehalten. Eine Vervielfältigung dieses Werkes oder von Teilen dieses Werkes ist auch im Einzelfall nur in den Grenzen der gesetzlichen Bestimmungen des Urheberrechtsgesetzes der Bundesrepublik Deutschland in der jeweils geltenden Fassung zulässig. Sie ist grundsätzlich vergütungspflichtig. Zuwiderhandlungen unterliegen den Strafbestimmungen des Urheberrechtes.

Die Wiedergabe von Gebrauchsnamen, Handelsnamen, Warenbezeichnungen usw. in diesem Werk berechtigt auch ohne besondere Kennzeichnung nicht zu der Annahme, dass solche Namen im Sinne der Warenzeichen- und Markenschutz-Gesetzgebung als frei zu betrachten wären und daher von jedermann benutzt werden dürften.

Die Informationen in diesem Werk wurden mit Sorgfalt erarbeitet. Dennoch können Fehler nicht vollständig ausgeschlossen werden und der Verlag, die Autoren oder Übersetzer übernehmen keine juristische Verantwortung oder irgendeine Haftung für evtl. verbliebene fehlerhafte Angaben und deren Folgen.

© disserta Verlag, ein Imprint der Diplomica Verlag GmbH
http://www.disserta-verlag.de, Hamburg 2010
Hergestellt in Deutschland

Effizienzerhöhung von Fluidfördersystemen

Dem Fachbereich Maschinenbau der
Technischen Universität Darmstadt
zur Erlangung des Grades einer
Doktor-Ingenieurin (Dr.-Ing.) vorgelegte

Dissertation

vorgelegt von

Dipl.-Ing. Valérie Bischof

aus Frankfurt am Main

Berichterstatter:	Prof. Dr.-Ing. B. Stoffel
Mitberichterstatter:	Prof. Dr.-Ing. S. Rinderknecht
Tag der Einreichung:	26. Oktober 2009
Tag der mündlichen Prüfung:	16. Dezember 2009

Darmstadt, 2009

D 17

Vorwort

Die vorliegende Arbeit entstand während meiner Tätigkeit als wissenschaftliche Mitarbeiterin des Fachgebiets Turbomaschinen und Fluidantriebstechnik welches später in Fachgebiet Fluidsystemtechnik der Technischen Universität Darmstadt umbenannt wurde.

Herrn Prof. Dr.-Ing. Bernd Stoffel gilt mein ganz besonderer Dank für die Anregung zu dieser Arbeit sowie für die vielen wertvollen Ratschläge und für die gewährte Freiheit während der Bearbeitung der von mir betreuten Projekte.

Herr Prof. Dr.-Ing. Peter Pelz danke ich für die fortwährende Hilfsbereitschaft und für das mir entgegenbrachte Vertrauen. Auch für die Möglichkeit zum Ende meiner Beschäftigung am Fachgebiet mich ausschließlich auf meine Dissertation konzentrieren zu dürfen, möchte ich mich herzlich bedanken.

Herrn Prof. Dr.-Ing. Stefan Rinderknecht danke ich für die bereitwillige Übernahme des Korreferats und für die kritische Durchsicht meiner Arbeit.

Der Deutschen Forschungsgemeinschaft sei Dank für die finanzielle Unterstützung der Projektes „Integrierte mechatronische Fluidfördersysteme" ausgesprochen, dessen Ergebnisse die Grundlage dieser Untersuchungen darstellten. Den Kollegen des DFG-Forschungsvorhabens, insbesondere Herrn Reinhard Werner und Herrn Boris Janjic, möchte ich für die fruchtvolle und sehr angenehme Zusammenarbeit danken.

Ich danke weiterhin Herrn Dr. Ludwig sehr herzlich für die fachliche und persönliche Wegweisung. Meinen lieben Kollegen danke ich für die Hilfe und Kooperation und nicht zuletzt für ihre Freundschaft. Besondere Erwähnung sollen hierbei meine Kollegen und Freunde Christian Schaad, Nuri Hamadeh, Verd Rösner, Matthias Puff und Miriam Roth finden. Danke.

Bei den Kollegen aus der Werkstatt möchte ich mich für den tatkräftigen Beitrag zu dieser Arbeit und für die schöne gemeinsame Zeit bedanken. Weiterhin gedankt sei allen Studien- und Diplomarbeitern, die durch ihre wertvolle Unterstützung zum Gelingen dieser Arbeit beigetragen haben.

All meinen Freunden danke ich für die mir gegenüber gezeigte Rücksicht und große Unterstützung. Meiner Freundin Sahar Kaschani-Dorff möchte ich an dieser Stelle ganz besonders danken. Frau Gabriele Wolf danke ich sehr herzlich für die zahlreichen ermutigenden Gesprächen.

Meinem Verlobten Tobias Niemz danke ich für die Kraft, diese Arbeit zu schreiben. Danke auch für den unermüdlichen Einsatz und für die sehr liebevolle Hilfe in jeder erdenklichen Hinsicht.

Meiner ganzen Familie danke ich für ihre Liebe, die in meinem Leben alles ermöglicht.

Hiermit versichere ich, dass ich die vorliegende Arbeit, abgesehen von den genannten Anregungen und Hilfsmitteln, selbständig durchgeführt habe.

Frankfurt, Oktober 2009   Valérie Bischof

Inhaltsverzeichnis

Inhaltsverzeichnis V
Formelzeichen und Abkürzungen VII
Kurzzusammenfassung XV
1. Einleitung 1
    1.1. Motivation der Arbeit 1
    1.2. Stand der Forschung zu Zustands- und Fehlererkennungssystemen 4
    1.3. Weiterer Forschungsbedarf und Zielsetzung dieser Arbeit 9
    1.4. Lösungsweg zur Erreichung des Ziels 12
2. Versuchs- und Messeinrichtungen 14
    2.1. Prüfstand „Radialpumpe" bzw. „Pumpeneinheit" 14
    2.2. Prüfstand „axiale Strömungsmaschine" 19
3. Integrierte Volumenstrombestimmung in Pumpen mit Spiralgehäuse 23
    3.1. Theoretische Betrachtung der Druckverhältnisse in Spiralgehäusepumpen 23
    3.2. Stand der Forschung der integrierten Volumenstrombestimmung 29
    3.3. Experimentelle Untersuchungen zur integrierten Volumenstrombestimmung 32
        3.3.1. Lage der untersuchten Messstellen 32
        3.3.2. Messergebnisse zur kennfeldbasierten Volumenstrombestimmung 35
    3.4. Genauigkeitsbetrachtung 41
        3.4.1. Einflussgrößen auf die Genauigkeit der Volumenstrombestimmung 41
        3.4.2. Korrektur des Reynoldseinflusses 51
4. Überwachung der Kavitationsintensität 56
    4.1. Theoretische Grundlagen zu kavitationsinduzierten Körperschallsignalen 56
        4.1.1. Entstehungsursachen und Folgen von Kavitation 56
        4.1.2. Schallerzeugung durch Kavitation 57
        4.1.3. Ausbreitung der Schallsignale 59
    4.2. Stand der Kavitationsaggressivitätsmessung 60
    4.3. Messtechnischer Aufbau 63
        4.3.1. Anforderungen an die Messtechnik bei der Erfassung von Kavitationssignalen 63
        4.3.2. Verarbeitung des kavitationsinduzierten Körperschallsignals 65
    4.4. Experimentelle Ergebnisse 68
5. Integrierte Spaltmaßüberwachung 77
    5.1. Aufgaben des Dichtspalts in Spiralgehäusepumpen 77
    5.2. Stand der Forschung zur Spaltmaßbestimmung 83
    5.3. Kennfelderstellung zur Spaltmaßbestimmung 85
        5.3.1. Lage der untersuchten Messstellen 85
        5.3.2. Einflussgrößen auf die Spaltmaßbestimmung 86

5.4. Modellbasierter Ansatz zur Spaltmaßbestimmung 91
    5.4.1. Bestimmung einer volumenstromunabhängigen Umfangsmessposition 91
    5.4.2. Verwendete Modelle zur Beschreibung der Strömungsvorgänge 94
    5.4.3. Ergebnisse des modellbasierten Ansatzes 100
5.5. Numerische Untersuchungen zur Bestimmung der optimalen Umfangsmessposition 104
    5.5.1. Randbedingungen der Strömungssimulation 105
    5.5.2. Numerische Simulationsergebnisse 108

6. Zusammenfassung und Ausblick 115
    6.1. Zusammenfassung 115
    6.2. Ausblick 118

Anhang: Optimierung einer Pumpeneinheit durch autonome Drehzahladaption eines axialen Vorsatzlaufrades 120

Literaturverzeichnis 133

Formelzeichen und Abkürzungen

Abkürzungen

Aus	Austritt
CFD	Computational Fluid Dynamics
CNC	Computerized Numerical Control
DNS	Direkte numerische Simulation
Ein	Eintritt
EU	Europäische Union
LCC	Life Cycle Costs
Leit1	Messposition am Umfang der Leiteinrichtung 30° vor dem Sporn
Leit2	Messposition am Umfang der Leiteinrichtung 30° nach dem Sporn
Leit1_Ein	Unterschied zweier am Leitringumfang 30° vor dem Sporn und am Pumpeneintritt gemessener Messgrößen
Leit1_Leit2	Unterschied zweier am Leitringumfang 30° vor dem Sporn und 30° nach dem Sporn gemessener Messgrößen
MID	Magnetisch-Induktives Durchflussmessgerät
NPSH	Net Positive Suction Head
RANS	Reynolds Averaged Navier Stokes
RSR	Messposition am Radseitenraum
RSR_Ein	Unterschied zweier am Radseitenraum und am Pumpeneintritt gemessener Messgrößen
RSR_Spalt,ein	Unterschied zweier Radseitenraumeintritt und am Spalteintritt gemessener Messgrößen
RSR_Spalt,aus	Unterschied zweier am Radseitenraumeintritt und am Spaltaustritt gemessener Messgrößen
Spalt,ein	Messposition am Spalteintritt
Spalt,aus	Messposition am Spaltaustritt
Spalt,ein_Ein	Unterschied zweier am Spalteintritt und am Pumpeneintritt gemessener Messgrößen
Spalt,ein_Spalt,aus	Unterschied zweier am Spalteintritt und am Spaltaustritt gemessener Messgrößen

Sporn,La		Spornmessstelle, laufradseitig
Sporn,Dr		Spornmessstelle, druckseitig
SpornDr_Ein		Unterschied zweier am Sporn,druckseitig und am Pumpeneintritt gemessener Messgrößen
SpornDr_SpornLa		Unterschied zweier am Sporn,druckseitig und am Sporn,laufradseitig gemessener Messgrößen
TTL		Transistor-Transistor-Logik
URANS		Unsteady Reynolds Averaged Navier Stokes

Lateinische Formelzeichen

Symbol	Einheit	Beschreibung
A	m^2	Fläche
A_2	m^2	Laufradaustrittsfläche
A_{sp}	m^2	Spaltfläche
b_2	m	Laufradaustrittsbreite
c	m/s	Absolutgeschwindigkeit
c_{3u}	m/s	Umfangskomponente der Absolutgeschwindigkeit nach Berücksichtigung der Minderumlenkung
$c_{3u,\infty}$	m/s	Theoretische Umfangskomponente der Absolutgeschwindigkeit
c_m	m/s	Meridiankomponente der Absolutgeschwindigkeit
c_{m3}	m/s	Meridiankomponente der Absolutgeschwindigkeit am Laufradaustritt
c_r	m/s	Radiale Geschwindigkeit
c_u	m/s	Umfangsgeschwindigkeit der Absolutgeschwindigkeit
d	m	Abstand
D	m	Durchmesser
D_2	m	Laufradaußendurchmesser
D_{sp}	m	Spaltdurchmesser
E_{kin}	J	Kinetische Energie
E_{pot}	J	Potentielle Energie

$f_{appr,Q}$	-	Messfehler des Volumenstroms in der Approximation
$f_{betr,Q}$	-	Messfehler des Volumenstroms im Betrieb
$f_{ges,Q}$	-	Gesamtfehler des Volumenstroms
$f_{kal,Q}$	-	Messfehler des Volumenstroms im Kalibrierungszusammenhang
f_{man}	-	Fehler der Fertigung
g	m/s²	Erdbeschleunigung
H	m	Förderhöhe
H_{opt}	m	Förderhöhe im Bestpunkt
K	-	Konstante
L	m	Spaltlänge
M_L	Nm	Impulsmoment des Leckagevolumenstroms
M_r	Nm	Reibmoment zwischen dem Laufrad und der Flüssigkeit
M_w	Nm	Reibmoment zwischen dem Gehäuse und der Flüssigkeit
N	-	Anzahl der Messwerte
n	min⁻¹	Drehzahl
n_s	min⁻¹	Spezifische Drehzahl
P	W	Leistung
p	Pa	Statischer Druck
p_{at}	Pa	Umgebungsdruck
p_{Ein}	Pa	Eintrittsdruck
P_{el}	W	Elektrische Leistung
p_{Fl}	Pa	Druck der äußeren Flüssigkeit
p_G	Pa	Partialdruck der Fremdgase
P_{kal}	W	Wellenleistung der Kalibrierung
p_{Leit1}	Pa	Druck am Leitringumfang, 30° vor dem Sporn
p_{Leit2}	Pa	Druck am Leitringumfang, 30° nach dem Sporn
p_m	Pa	Mittlerer statischer Druck
p_{RSR}	Pa	Druck am Radseitenraumeintritt
p_s	Pa	Druck im saugseitigen Radseitenraum

$p_{SpornDr}$	Pa	Druck an der Spornmessstelle, druckseitig
$p_{SpornLa}$	Pa	Druck an der Spornmessstelle, laufradseitig
$p_{tot,E}$	Pa	Totaldruck am Pumpeneintritt
p_v	Pa	Dampfdruck
p_w	Pa	Druck auf die Blasenwand
q	-	Auf den Volumenstrom im Bestpunkt bezogener Volumenstrom (Q/Q_{opt})
Q	m³/s	Volumenstrom
q^*	-	Auf den Volumenstrom bei stoßfreier Anströmung bezogener Volumenstrom (Q/Q_{stfr})
Q_{int}	m³/s	Interpolierter Volumenstromwert
q_{kal}	-	Relativer Volumenstrom der Kalibrierung
Q_{kal}	m³/s	Volumenstrom des Kalibrierungszusammenhangs
Q_{La}	m³/s	Laufradvolumenstrom
Q_{mess}	m³/s	Gemessener Volumenstrom
Q_{opt}	m³/s	Volumenstrom im Bestpunkt
Q_{sp}	m³/s	Spaltvolumenstrom
Q_{stfr}	m³/s	Volumenstrom bei stoßfreier Laufradanströmung
R	m	Radius der Blase
R_0	m	Maximaler Blasenradius
r_1	m	Mittlerer Radius am Saugmund
r_2	m	Laufradaußenradius
Re'	-	Niedrige Reynoldszahl im Aufwerteansatz
Re_u	-	Umfangsreynoldszahl
$Re_{u,max}$	-	Größte Reynoldszahl im Reynoldszahlbereich
$Re_{u,min}$	-	Kleinste Reynoldszahl im Reynoldszahlbereich
$Re_{\overline{w}}$	-	Axiale Reynoldszahl im Spalt
$Re_{u,x}$	-	Beliebige Reynoldszahl im Reynoldszahlbereich
R_f	-	Reflexionsfaktor
r_{sp}	m	Spaltradius

r_w	m	Wellenradius
s	m	Spaltweite
S	m²	Statisches Moment
s_0	m	Spaltmaß im Referenzzustand
s_{rs}	m	Axiale Radseitenraumbreite
T	s	Signaldauer
u	m/s	Umfangsgeschwindigkeit
u_2	m/s	Umfangsgeschwindigkeit am Laufradaußenradius
u_a	m/s	Umfangsgeschwindigkeit am äußeren Saugmundradius
U_{eff}	V	Spannungseffektivwert
$U_{eff,innen}$	V	Spannungseffektivwert in der Laufradnabe
$U_{eff,aussen}$	V	Spannungseffektivwert am Gehäuse
u_{sp}	m/s	Umfangsgeschwindigkeit im Spalt
V	-	Anteil der aufwertbaren Verluste
$\overline{w}$	m/s	Mittlere axiale Durchflussgeschwindigkeit
$y+$	-	Dimensionsloser Wandabstand
$y_{th,\infty}$	m²/s²	Theoretische spezifische Stutzenarbeit
z	-	Schaufelanzahl
Z_1, Z_2	Ns/m³	Impedanzen zweier Medien 1 und 2

Griechische Formelzeichen

α	-	Koeffizient der Aufwertung
α	°	Strömungswinkel
β	1/s	Fluidwinkelgeschwindigkeit
β_0	1/s	Fluidwinkelgeschwindigkeit im undurchströmten Radseitenraum
β_2	°	Schaufelaustrittswinkel
β_{2RSR}	1/s	Fluidwinkelgeschwindigkeit am RSR Eintritt
β_{R2}	1/s	Fluidwinkelgeschwindigkeit am Laufradaustritt
β_{sp}	1/s	Fluidwinkelgeschwindigkeit vor dem Spalt

γ	-	Faktor
δ	m	Grenzschichtdicke
δ	°	Umfangswinkel
ΔH_{AB}	m	Differenz der Förderhöhen der Punkte A und B
Δp	Pa	Druckdifferenz
Δp_{kal}	Pa	Druckdifferenz des Kalibrierungszusammenhangs
Δp_m	Pa	Mittlere Druckdifferenz
Δp_{opt}	-	Relative Abweichung der Druckdifferenz zur Druckdifferenz im Bestpunkt
$\Delta p_{RSR,ber}$	Pa	Im Radseitenraum berechnete Druckdifferenz
$\Delta p_{RSR,mess}$	Pa	Im Radseitenraum gemessene Druckdifferenz
Δp_{Sp}	Pa	Druckdifferenz über den Spalt
$\Delta p_{Sp,mess}$	Pa	Im Spalt gemessene Druckdifferenz
$\Delta \beta$	1/s	Änderung der Fluidwinkelgeschwindigkeit
ε	-	Pre-Rotationskoeffizient nach HERGT
η	-	Wirkungsgrad
η'	-	Wirkungsgrad bei niedriger Reynoldszahl im Aufwerteansatz
η_{kal}	-	Wirkungsgrad des Kalibrierungszusammenhangs
κ	-	Exponent
λ	-	Widerstandsbeiwert
λ_r	-	Widerstandsbeiwert am Laufrad
λ_w	-	Widerstandsbeiwert am Gehäuse
μ	-	Durchflussbeiwert
μ_{dyn}	kg/(ms)	Dynamische Viskosität
μ_{Pfl}	-	Minderleistungsziffer nach Pfleiderer
ν	m²/s	Kinematische Viskosität
ζ_A	-	Druckverlustziffer am Austritt
ζ_{anl}	-	Druckverlustziffer im Anlaufbereich
ζ_E	-	Druckverlustziffer am Spalteintritt
ζ_{Sp}	-	Druckverlustziffer im Spalt

ρ	kg/m³	Dichte
$\sigma_{betr,meas}$	-	Messgerätefehler der Druckmessung im Betrieb
$\sigma_{betr,random}$	-	Stochastischer Fehler der Druckmessung im Betrieb
$\sigma_{betr,\Delta p}$	-	Messfehler der Druckmessung im Betrieb
$\sigma_{kal,Q}$	-	Messfehler des Volumenstroms bei der Kalibrierung
$\sigma_{kal,Q,meas}$	-	Messgerätefehler der Volumenstrommessung bei der Kalibrierung
$\sigma_{kal,Q,random}$	-	Stochastischer Fehler der Volumenstrommessung bei der Kalibrierung
$\sigma_{kal,\Delta p}$	-	Messfehler der Druckmessung bei der Kalibrierung
$\sigma_{kal,\Delta p,meas}$	-	Messgerätefehler der Druckmessung bei der Kalibrierung
$\sigma_{kal,\Delta p,random}$	-	Stochastischer Fehler der Druckmessung bei der Kalibrierung
σ_u	-	Kavitationszahl in Pumpen
$\sigma_{u,i}$	-	Kavitationszahl bei Kavitationsbeginn
τ	N/m	Oberflächenspannung
φ	-	Durchflussziffer
φ_L	-	Durchflussziffer des Leckagevolumenstroms
ψ	-	Druckziffer
ψ'	-	Erfahrungszahl
ψ'	-	Druckziffer bei niedriger Reynoldszahl
ψ_{kal}	-	Druckziffer des Kalibrierungszusammenhangs
$\psi_{Reu,max}$	-	Druckziffer bei maximaler Reynoldszahl
$\psi_{v,max}$	-	Druckziffernverlust bei maximalem Reynoldszahlunterschied
$\psi_{v,x}$	-	Druckziffernverlust bei einer beliebigen Reynoldszahl
ψ_x	-	Druckziffer bei einer beliebigen Reynoldszahl
ω	1/s	Winkelgeschwindigkeit

Superskripte

$\overline{}$	Mittelwert

Kurzzusammenfassung

Ein zentrales Anliegen von Pumpenforschern und -entwicklern ist die Bereitstellung energieeffizienter und zuverlässig funktionierender Pumpen – Pumpen also mit hoher wirtschaftlicher Effizienz. Die Echtzeit-Überwachung im laufenden Betrieb ist hierfür eine entscheidende Voraussetzung. Heute in der industriellen Praxis verwendete Methoden geben jedoch häufig nur unzureichend Aufschluss über den Betriebs-, Belastungs- und Verschleißzustand der Pumpe. In dieser Arbeit werden deshalb drei neue Maßnahmen zur Erhöhung der Energieeffizienz und der Verfügbarkeit von Pumpen vorgestellt.

Betriebszustand: Eine wichtige Größe zur Detektion von Leckagen und zur energieoptimalen Anpassung der Pumpendrehzahl ist der aktuelle Volumenstrom. Aus Kostengründen wird dieser heute jedoch meist nicht erfasst. Deshalb wurde in dieser Arbeit die integrierte Volumenstromerfassung untersucht, welche die Messung desselben mit günstigen, innerhalb der Pumpe angebrachten Drucksensoren ermöglicht. Anhand experimenteller Untersuchungen wurde gezeigt, dass eine Volumenstrombestimmung mit einer Genauigkeit von ca. ± 1% Messabweichung vom wahren Volumenstromwert – auch für unterschiedliche Reynoldszahlen – möglich ist. Somit ist nun die wissenschaftliche Grundlage für eine kostengünstige, integrierte Volumenstrombestimmung geschaffen.

Belastungszustand: Eine wichtige Belastungsgröße für eine Pumpe ist Kavitation. Die Bestimmung der Kavitationsintensität ist in der industriellen Praxis bisher nicht möglich. In dieser Arbeit wurde deshalb auf die Kavitationsintensität in einer Pumpe über außen am Gehäuse vorliegende Messsignale geschlossen. Zwar ist eine experimentelle Kalibrierung hierbei nur unter realer Kavitationseinwirkung möglich, dennoch kann das am Gehäuse gemessene akustische Kavitationsintensitätskennfeld zur Überwachung des Kavitationsverhaltens einer drehzahlvariablen Pumpe genutzt werden. Abweichungen zu diesem Kennfeld weisen auf veränderte Kavitationsrandbedingungen im Betrieb gegenüber dem Referenzzustand hin.

Verschleißzustand: Kenntnis über den Verschleißzustand einer Pumpe ist nötig, um ein Bauteil vor seinem Versagen austauschen und um schleichende Wirkungsgradverluste identifizieren zu können. In dieser Arbeit wurde deshalb die Grundlage geschaffen, den Verschleißzustand des Dichtspalts in Spiralgehäusepumpen modellbasiert zu bestimmen. Aus den drei im Betrieb gemessenen Größen Volumenstrom, Druckdifferenz über den Spalt und Drehzahl wird die Druckdifferenz im Radseitenraum berechnet und mit der tatsächlichen verglichen. Aus der Differenz kann auf die Größe der Spaltmaßänderung geschlossen werden. Über den gesamten Betriebsbereich wird die tatsächliche Spaltmaßänderung um maximal 5 Prozentpunkte überschätzt. Das Verfahren kann auch auf Fälle, in denen keine Reynoldsgleichheit vorliegt, erweitert werden. Somit ist es nun möglich, mit einer einfachen Messanordnung den Verschleißzustand des Dichtspalts zu bestimmen.

In dieser Arbeit wurden somit in drei verschiedenen Bereichen Grundlagen gelegt und Wege aufgezeigt, die wirtschaftliche Effizienz eines Fluidfördersystems zu erhöhen.

1. Einleitung

1.1. Motivation der Arbeit

Die Förderung von Fluiden jedweder Art ist integraler Bestandteil zahlreicher technischer Systeme. Sogenannte Fluidfördersysteme kommen in der Gebäudetechnik, in der Wasserver- und -entsorgung, in der Energietechnik, in verfahrenstechnischen Anlagen, bei der Herstellung industrieller Produkte und in vielen weiteren technischen Anwendungen zum Einsatz. Oftmals bestehen Fluidförder-Anlagen aus folgenden Systemkomponenten: Pumpen, Pumpenantriebe, Rohrleitungen, Drosselventile, Speichermedien, Wärmetauscher, Filter sowie Mess- und Regeltechnik. Pumpen werden oftmals als das Herz einer Anlage bezeichnet, denn sie erfüllen die eigentliche Aufgabe des Gesamtsystems, nämlich das Fluid innerhalb eines Rohrleitungsnetzwerkes zu transportieren. Dabei nutzen Pumpen meist elektrische Energie, um das Fluid in eine gerichtete Bewegung zu versetzen. Zusätzlich zur Erfüllung des eigentlichen Durchflusses müssen Pumpen dem Fluid ausreichend Energie zuführen, um Höhenunterschiede und Druckverluste in den Rohrleitungen und Armaturen zu überwinden. Pumpen haben daher oftmals einen bezogen auf die im gesamten System benötigte Energie sehr hohen Energiebedarf. Seriöse Schätzungen gehen davon aus, dass fast 20% des weltweit erzeugten Stroms von Pumpen verbraucht wird [Hyd01].

Der derzeitige Energieaufwand in europäischen Pumpensystemen (EU-27) wird auf etwa 300 TWh pro Jahr geschätzt [Eur08], was ca. 10% der gesamten in der EU erzeugten elektrischen Energie entspricht. Es wird hierbei von einem jährlichen Einsparpotential von 123 TWh ausgegangen [Eur08]. Dieses enorme Einsparpotential vor dem Hintergrund immer knapper werdender endlicher Energieträger, einer weltweit steigenden Nachfrage nach Energie, daraus resultierender steigender Energiepreise und nicht zuletzt der zunehmenden Diskussion um die großteils energieverbrauchsbedingte globale Erderwärmung lässt das Thema Energieeinsparung in Pumpensystemen zunehmend in den Fokus von Umweltaktivisten und Politikern rücken.

Bis zur gesetzlichen Festlegung von Richtlinien zur Energieeinsparung in Pumpensystemen bleibt das entscheidende Kriterium für die Umsetzung von Energieeffizienzmaßnahmen allerdings meist deren Wirtschaftlichkeit. Um die Wirtschaftlichkeit einer Energieeffizienzmaßnahme zu beurteilen, müssen die verschiedenen von einem Fluidfördersystem erzeugten Kostenarten über den gesamten Lebenszyklus betrachtet werden [Hyd01]. Abbildung 1-1 stellt beispielhaft die Aufteilung der Kosten im Lebenszyklus eines Pumpsystems dar. Etwas abweichende Zahlen zu den dargestellten Kostenanteilen sind in [KSB06], [Den09a] und [Den09b] zu finden. Allen Quellen gemeinsam ist die Aussage, dass die *Energiekosten* den größten durch ein Pumpensystem verursachten Ausgabenposten darstellen. Der Erhöhung der *Energieeffizienz*[1] von Pumpensystemen kommt daher seitens der Anlagenbetreiber schon aus reinen Kostengesichtspunkten ein hoher Stellenwert zu [Bec03], [Hen00], [Wil09], [Vog08].

Somit stellt die Steigerung der Energieeffizienz von Pumpen und Pumpenanlagen sowohl aus politischen und Umweltschutz- als auch aus Wettbewerbsgründen derzeit ein zentrales Anliegen von Pumpenforschern und -entwicklern dar [Her99], [Sin07].

Abbildung 1-1: Lebenszykluskosten eines Fluidfördersystems nach [Koh09a]

Neben den Energiekosten stellen die durch außerplanmäßige Stillstände verursachten Ausgaben einen weiteren großen Kostenblock dar. Als Kernstück einer Anlage können defekte Pumpen die gesamte Produktion zum Erliegen bringen. Nach [Koh09b] erfolgen solche ungeplanten Stillstände verfahrenstechnischer Anlagen mit Reparatur im Schnitt alle neun Monate. Oftmals entstehen durch den Stillstand Kosten, die den eigentlichen Schaden an der Pumpe um ein Vielfaches übersteigen. Neben rein monetären Überlegungen kann das Versagen von Pumpen in sicherheitskritischen Systemen zu Personen- und/oder Umweltschäden führen. Daher werden in Fällen, in denen aus Sicherheitsgründen eine hundertprozentige Verfügbarkeit der Pumpleistung gefordert wird (wie z. B. in Kühlkreisläufen von Kraftwerken), oder in denen die Kosten durch einen Produktionsausfall besonders hoch ausfallen würden, Pumpen redundant eingebaut. Laut einer Abschätzung des Verbands der Chemischen Industrie ([VCI08] nach [Koh09a]) entstehen ca. 9% der Gesamtbaukosten einer verfahrenstechnischen Anlage wegen der notwendigen Redundanz von Pumpensystemen.

Um die Folgen von ungeplanten Produktionsausfällen zu vermeiden, wird demnach der Erhöhung der *Verfügbarkeit*[2] der Pumpen von vielen Anlagenbetreibern höchste Priorität

---

[1] In der Ingenieurwissenschaft versteht man unter *Energieeffizienz* bzw. Umwandlungseffizienz den Wirkungsgrad bzw. Nutzungsgrad der Energieumwandlung also das Verhältnis von erzeugter Energie oder Nutzenergie zu eingesetzter Primärenergie oder Sekundärenergie [Irr08].

[2] Unter *Verfügbarkeit* versteht man nach DIN EN 13306 die „Fähigkeit einer Einheit, zu einem gegebenen Zeitpunkt oder während eines gegebenen Zeitintervalls in einem Zustand zu sein, dass sie eine geforderte

eingeräumt [Ach09]. In einer Umfrage des Verbands Deutscher Maschinen- und Anlagenbau e.V. [Koh09a] gaben Anlagenbetreiber die *Zuverlässigkeit/Ausfallsicherheit* noch vor dem *Energieverbrauch* als wichtigstes Auwahlkriterium einer Pumpe an. Die Einflussgrößen, welche die *Verfügbarkeit* eines Fluidfördersystems bestimmen, sind in Abbildung 1-2 dargestellt.

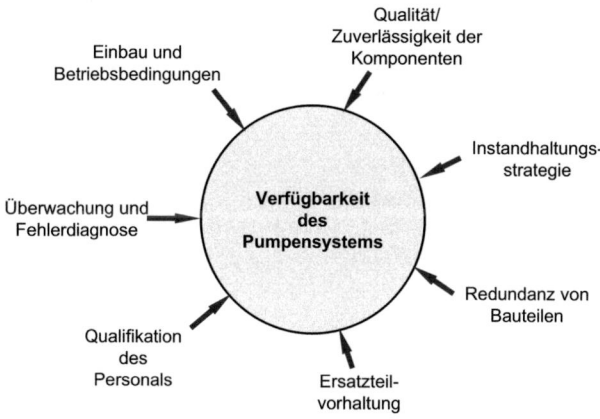

Abbildung 1-2: Einflussgrößen auf die Verfügbarkeit nach [Den09c]

Die Grundvoraussetzung für die Verfügbarkeit einer Anlage liegt in der Hochwertigkeit der verbauten Komponenten sowie in der richtigen Einbau- und Betriebsweise dieser Komponenten durch geschultes Personal. Eine geeignete Instandhaltungsstrategie führt im Idealfall dazu, dass die Wartung der Anlage nur in zuvor festgelegten Zeiträumen erfolgt und ungeplante Anlagenstillstände vermieden werden. Für den Fall, dass Anlagenkomponenten dennoch ausfallen, ist die Redundanz von Bauteilen vorzusehen oder es sind die Ersatzteile wichtiger Komponenten vorzuhalten.

Schließlich gewinnt die *Überwachung und Fehlerdiagnose* für die Verfügbarkeit von Anlagen zunehmend an Bedeutung [Den09c]. Durch die kontinuierliche elektronische Überwachung des Pumpenzustands können sich anbahnende Defekte rechtzeitig erkannt und teure Folgeschäden vermieden werden. Einer Befragung von Pumpenbetreibern der chemischen und verfahrenstechnischen Industrie zufolge [Koh09b] könnten etwa 25% aller Pumpenausfälle durch ein geeignetes Überwachungssystem verhindert werden. Ein zuverlässiges Überwachungssystem ermöglicht darüber hinaus eine zustandsorientierte

---

Funktion unter gegebenen Bedingungen unter der Annahme erfüllen kann, dass die erforderlichen äußeren Hilfsmittel bereitgestellt sind."

Instandhaltung[3], so dass die Installation redundanter Reservepumpen entfällt und die entsprechenden Redundanzkosten eingespart werden. Voraussetzung hierfür ist die systematische Überwachung der Pumpe in ausreichend kurzen Zeitabständen oder bestenfalls sogar im laufenden Betrieb.

Sowohl zur Erhöhung der Energieeffizienz durch geeignete Regelung als auch zur Verringerung der Ausfallwahrscheinlichkeit werden somit Überwachungssysteme zur systematischen Erfassung des Pumpenzustandes benötigt. Nach heutigem Stand der Technik sind Installation und Betrieb solcher Überwachungssysteme stets mit großem technischem und/oder finanziellem Aufwand verbunden. In dieser Arbeit werden deshalb neue Ansätze der Zustandserkennung vorgestellt, die zur Erhöhung der *Energieeffizienz* und der *Verfügbarkeit* einer Anlage genutzt werden können und mit geringem messtechnischem Aufwand auskommen.

Die Grundbegriffe der Pumpentechnik und die Grundlagen von Strömungsmaschinen, deren Kenntnis zum besseren Verständnis dieser Arbeit beiträgt, sollen in dieser Arbeit nicht explizit dargestellt werden. Der Leser wird diesbezüglich an die einschlägigen Lehrschriften verwiesen ([Pfl05], [Sto01], [KSB89] und [Gül99]).

1.2. Stand der Forschung zu Zustands- und Fehlererkennungssystemen

Zustandsüberwachung und Fehlerdiagnose

Eine einfache *Zustandsüberwachung* zielt darauf ab, eine qualitative Auskunft darüber zu geben, ob eine Maschine ordnungsgemäß arbeitet oder ob ein Fehler aufgetreten ist. Eine Aussage über die Identität eines Fehlers, sein Ausmaß oder seine direkte Ursache an der Maschine sind damit nach den heutigen Forschungsansätzen meist noch nicht möglich. Oftmals ist erst durch eine zusätzliche *Fehlerdiagnose* genaues Wissen über den auftretenden Fehler (z. B. Entstehungsort, Ursache) erhältlich.

Der erste Schritt jeder Fehlerdiagnose ist die *Merkmalgenerierung*, dabei werden am Pumpenprototyp experimentell aufgezeichnete Daten so aufgearbeitet, dass daraus Merkmale entstehen, auf deren Grundlage mögliche Fehler im Betrieb erkannt werden können. Die im Betrieb festgestellten Abweichungen (qualitativ oder quantitativ) der ausgemachten Fehlermerkmale von den Referenzzustandsdaten, die den „fehlerfreien Betrieb" beschreiben, ergeben ein so genanntes *Fehlersymptom*. Es dient dazu, den vorliegenden Fehler gezielt zu charakterisieren. Die eigentliche *Fehlerdiagnose* geschieht über den Vergleich des aktuell vorliegenden Fehlersymptoms mit einer Sammlung von Symptomen aller an der Maschine bekannten Fehler. Weiterführende Informationen über die Methoden der Zustands- und Fehlererkennung sind z.B. in ISERMANN [Ise086] enthalten.

---

[3] Präventive Strategie, bei der die Wartungsintervalle nicht starr vorgegeben sind, sondern sich der Zeitpunkt für eine Instandhaltungsmaßnahme aus der aufgrund von Zustands- und Betriebsgrößen errechneten Wahrscheinlichkeit für ein baldiges Überschreiten der Abnutzungsgrenze ergibt [Den09d].

Die Merkmalsgenerierung kann anhand von *Signalanalysen* oder *Prozessanalysen* erfolgen.

<u>Signalbasierte Ansätze zur Fehlererkennung in Pumpen</u>

Bei einem *signalbasierten Ansatz* liefern Veränderungen von Ausgangssignalen (z. B. Absolutwerte, Trends, Varianzen, Amplituden, Frequenzen) die Fehlermerkmale. Der Referenzzustand des Systems wird entsprechend durch die *Signalverläufe* im fehlerfreien Zustand beschrieben. Signalbasierte Methoden erfassen vorwiegend dynamische Betriebsgrößen wie die Druckfluktuationen bzw. den Flüssigkeitsschall, Gehäusestrukturschwingungen bzw. Körperschall, Wellen- bzw. Rotorschwingungen oder Schwankungen der Motorstromaufnahme. Ziel ist es oftmals, wenige Messgrößen zu finden, auf die sich möglichst viele Fehler in sehr unterschiedlicher und somit differenzierbarer Weise auswirken.

Die *Schwingungsmessung* wird bereits seit Anfang der achtziger Jahre als sensitive Messmethode erforscht mit dem Ziel, Unwuchten, Wellenschwingungen im Lager sowie unerwünschte hydraulische Interaktionen zwischen dem Laufrad und den Leitradschaufeln großer Kreiselpumpen festzustellen [Gra84]. Später führt KALLWEIT [Kal94] die Auswertung von *Gehäusestrukturschwingungen* und *Druckfluktuationen* in bestimmten Frequenzbereichen an einer axialen Tauchmotorpumpe durch. HUHN verwendet *Körperschall* als Signal zur Fehlererkennung an einer Tauchmotorpumpe [Huh03].

Da normale Betriebs- und Fehlerzustände unterschiedliche charakteristische Momentenflüsse zwischen Motor und angetriebener Pumpe hervorrufen, verwendet KENULL die Schwankungen der *Motorstromaufnahme* [Ken97], um Fehler an einer Unterwasserpumpe mit Asynchronmotor festzustellen. KAFKA nutzt die Messung von *Wellenbahnen, Förderhöhe* und *Temperatur* [Kaf99], um Störungen an einer Spaltrohrmotorpumpe festzustellen. Hier erweist sich jedoch der Vergleich der charakteristischen Orbits bei verschiedenen Betriebszuständen als sehr aufwändig. Schließlich führt KOHLHASE [Koh04] Untersuchungen an einer oszillierenden Membranpumpe durch und wertet dabei das *Druck-, Körperschall-* und *Temperatursignal* aus.

Zwar ist die Wiedererkennung von einzelnen Fehlern bei allen vorgestellten Methoden gut, doch die Feststellung von kombinierten Fehlerzuständen gestaltet sich als schwierig. Deswegen stellt die Ergründung der Zuordnung von Fehlersymptomen (sogenannte Klassifikationsmethoden) derzeit einen wichtigen Forschungsschwerpunkt dar.

Auch die Übertragbarkeit der Laborergebnisse auf *reale Bedingungen* und *verschiedene Pumpentypen* wird derzeit intensiv erforscht. KOLLMAR bezieht sich auf die Arbeiten von HUHN und KAFKA und erarbeitet in [Kol01] Funktionen, die zur Übertragung und Interpolation der Kennfelder unterschiedlicher Pumpentypen dienen.

Schließlich werden Vorschläge zur Kalibrierung des Anlageneinflusses vorgestellt. Das auf den Arbeiten von KENULL [Ken97] basierende Fehlererkennungssystem wird von MÜLLER weiterentwickelt und im Feldversuch erprobt [Mül04], um festzustellen, ob eine zuverlässige Erkennung von Betriebsstörungen über die Messung des Motorstroms auch unter *realen Betriebsbedingungen* (bei Störungen des Motorsignals, die im Labor nicht berücksichtigt wurden) möglich ist. Des Weiteren soll geklärt werden, ob die im Labor durch Nachstellung der Maschinenfehler ermittelten Signalmerkmale weiterhin gelten, wenn sie durch *natürlichen Verschleiß* hervorgerufen werden. Die Eignung der Motorstromanalyse beispielsweise konnte für den Fall des Axiallagerschadens nachgewiesen werden.

In [Nug04] untersucht NUGLISCH die Möglichkeiten der Übertragung eines Fehlerdiagnosesystems auf reale Einsatzbedingungen am Beispiel einer magnetgekuppelten Chemienormpumpe. Es zeigt sich, dass das Fehlererkennungssystem nach einer einfachen Kalibrierung auf die Anlage im Feldversuch definiert hervorgerufene Störungen wiedererkennt.

Auch die Reduzierung des messtechnischen Aufwandes wird in der Literatur bereits behandelt. Zur Fehlerdiagnose werden bei NUGLISCH beispielsweise einzig ein am Pumpengehäuse angebrachter Beschleunigungsaufnehmer und ein Stromspannungswandler benötigt. Der Lastpunkt der Pumpe wird über den Stromspannungswandler, mit dem der Strom in einer Motorphase gemessen wird, ermittelt. Durch die Bestimmung des Betriebspunktes über den Motorstrom entfällt der Einsatz eines Durchflussmessgerätes und der Aufwand (Kosten und Installation) der Fehlererkennung wird deutlich reduziert.

Um den messtechnischen Aufwand gering zu halten, wird versucht, die *gesamte* zur Fehlererkennung benötigte Sensorik in der Pumpe zu integrieren. HUHN stellt sich in [Huh01] der Aufgabe einer *bauteilintegrierten Sensorik*. Die Fehlererkennung erfolgt über einen speziell konstruierten Spalttopf einer Magnetkupplungspumpe mit ungeregeltem Asynchronmotor, an dem die Sensorik angebracht ist. Die magnetische Feldstärke innerhalb des Spalttopfes wird über Hallsensoren gemessen. Die Drehzahlerfassung an der Magnetkupplungspumpe kann bei bekannter Anzahl der Magnetpaare aus dem Zeitsignal des Hallsensors erfolgen. Über zwei asymmetrisch angeordnete Hallsensoren lässt sich die Drehrichtung feststellen (mittlerweile sind auch kommerzielle Hallsensoren mit zwei Hallelementen am Markt verfügbar). Es hat sich gezeigt, dass die Hallspannung eines Sensors mit dem Förderstrom abnimmt. Somit kann der Volumenstrom aus dem Effektivwert der Hallspannung bestimmt werden. Zusammenfassend liefert folglich der Hallsensor in der Arbeit von HUHN die Information über die Drehzahl und den Lastzustand, ein im Spalttopf integriertes Widerstandsthermometer misst die Temperatur und zwei Piezokeramiken messen die Spalttopfschwingungen.

In [Kig04b] werden die Messstellen zur optimalen Positionierung der Piezoelemente zur Körperschallmessung mittels Finiter Elemente Berechnungen bestimmt, indem die Orte maximaler Verschiebungen und Verformungen bei ihren Eigenfrequenzen ausgemacht werden. Das System eignet sich allerdings nicht für drehzahlgeregelte Pumpen und setzt eine Magnetkupplung voraus.

Modellbasierte Ansätze zur Fehlererkennung in Pumpen

Der Referenzzustand des Systems wird beim *modellbasierten Ansatz* über ein *Prozessmodell* beschrieben und Fehler werden durch Veränderungen von Prozessparametern (z. B. Koeffizienten, Zustandsgrößen, Residuen, Kennwerte) ermittelt. Die Grundlagen zur Modellierung von Systemen und Systemkomponenten werden von ISERMANN in [Ise08] behandelt. Der messtechnische Aufwand ist bei modellgestützten Systemen verhältnismäßig gering. Um das mathematisch-physikalische Modell des Prozesses in Form einer Differentialgleichung abzuleiten, ist lediglich die *Instrumentierung zur Kennlinienermittlung* erforderlich. Das Modell besteht in der Regel aus zwei Gleichungen, in denen die Abhängigkeit der Förderhöhe und die des Drehmoments vom Volumenstrom und von der Drehzahl der Pumpe beschrieben werden. Dabei wird die Eulersche Strömungsmaschinengleichung zugrunde gelegt. Der Vergleich zwischen dem Referenzfall und dem aktuellen Zustand kann bei einem modellbasierten Ansatz auf zwei Arten erfolgen: mittels *Parameterschätzung* oder mittels *Paritätsgleichung*.

Bei der *Parameterschätzung* wird ein mathematisch-physikalisches Modell, welches über Parameter auf den fehlerfreien Zustand kalibriert ist, für die Referenz zugrunde gelegt. So werden bei GEIGER [Gei85] aus dem laufenden Prozess neue Parameter für das Prozessmodell geschätzt und das Fehlersymptom durch die Parameterabweichungen zum Referenzfall bestimmt. Die untersuchten Fehler beziehen sich bei GEIGER sowohl auf die Pumpe als auch auf die gesamte Anlage. HAUS entwickelt ein modellbasiertes Fehlererkennungssystem mit Parameterschätzung zur Störungsfrüherkennung an *oszillierenden Verdrängerpumpen* [Hau06]. Das Modell setzt sich aus den Komponenten Rohrleitung, Drosselventile, Pumpspeicher und Pumpe zusammen. Anhand der Auswertung des *Druck-* und *Körperschallsignals* sowie der *Drehzahl* und einer anschließenden Fuzzy-Klassifikation werden unterschiedliche Fehler an einer Ein- und Dreizylinder-Membranpumpe festgestellt. Des Weiteren werden die *Motorsignale* genutzt, um über Modellierung des Pumpenantriebs Fehler im Antriebsstrang zu detektieren.

Im Falle der *Prozessanalyse mittels Paritätsgleichung* wird aus einer Eingangsgröße über die modellierte Funktion einer Prozesskennlinie die zugehörige theoretische Ausgangsgröße für den fehlerfreien Prozess bestimmt. Das Fehlersymptom wird durch Vergleich dieser theoretischen Größe mit den im laufenden Betrieb gemessenen Daten bestimmt. Beim von HAWIBOWO verwendeten Modell [Haw97] erfolgt mittels Paritätsgleichung und Residuengenerierung der Vergleich der aktuellen Förderhöhe mit der im Modell berechneten Förderhöhe für den fehlerfreien Betrieb. Zur Erfassung der Drosselkurve des aktuellen Zustandes ist bei ihm jedoch eine *Betriebsunterbrechung* erforderlich.

Auch die Fehlererkennung nach NOLD [Nol91] und WOLFRAM [Wl02] ist nicht vollständig im laufenden Betrieb möglich, da die Zuordnung mancher Fehler neben den Betriebseigenschaften noch *zusätzliche Funktionstests* (z. B. die Bestimmung der Auslaufzeit nach Abschalten des Motors) erfordert.

Im modellbasierten Ansatz von AENIS [Aen02] erfordert die Fehlererkennung ebenfalls eine Betriebsunterbrechung. Der Vorteil seiner Methode ist allerdings, dass die Sensorik zur Fehlerbestimmung in der Pumpe integriert ist: Die Magnetlagerung der von AENIS verwendeten Spiralgehäusepumpe dient sowohl als Sensor als auch als Aktor. Als Sensor liefert sie Daten über die auftretenden Lagerkräfte und Rotorschwingungen. Somit können die Übertragungsfunktion und die modalen Parameter bestimmt werden. Die Überwachung erfolgt über den Vergleich der aus aktuellen Daten berechneten modalen Parameter mit den bekannten Parametern des fehlerfreien Betriebszustands.

Zur Fehlererkennung nach AENIS ist die Kenntnis über das dynamische Verhalten des Rotors notwendig. Alternativ zu einer *experimentellen* Bestimmung der Übertragungsfunktion kann dieses sowohl für den fehlerfreien als auch für den fehlerbehafteten Betrieb mit einem Finite-Elemente-Modell *simuliert* werden. Nach einer Messung werden die Parameter des FEM-Modells so lange variiert, bis eine Übereinstimmung zu einem Fehlerzustand gefunden wurde. Durch die schnellere Schätzung der modalen Parameter kann die Fehlererkennung nach BUTZEK [But09] auch im laufenden Betrieb durchgeführt werden.

<u>Zuordnung von Fehlersymptomen</u>

In der Fehlerdiagnose findet die *Zuordnung* des vorliegenden Symptoms zu einem Element einer Symptomsammlung aller an der Maschine bekannter Fehler (Wissensbasis) statt. Diese Zuordnung von Symptomen zu Fehlern ist mit dem Vorgehen zur Mustererkennung vergleichbar und kann wiederum auf zwei Arten erfolgen: Bei den *Inferenzverfahren* werden bestehende kausale Zusammenhänge genutzt, um eine Baumstruktur mit logisch nachvollziehbaren Wenn-Dann-Regeln oder nach einer Art „grammatikalischer" Regel aufzubauen. Bei *Klassifikationsverfahren* muss die Baumstruktur nicht auf den ersten Blick nachvollziehbar sein, sondern kann z. B. anhand von Messergebnissen erstellt werden. *Neuro-Fuzzy-Systeme* stellen eine Kombination beider Verfahren der Symptom-Fehler-Zuordnung dar. Dabei können signifikante Merkmale eigenständig (bzw. automatisiert) ermittelt und eine Baumstruktur erstellt werden, so dass die Verknüpfungslogik durch den Anwender vorab nicht erkannt und vorgegeben werden muss. WANG [Wan01] stellt z. B. vor, wie Fuzzy-Beziehungen aus Prozessdaten mittels eines B-Spline neuronalen Netzwerks ermittelt werden können. Aus einer Anzahl von Trainingsobjekten (Schwingungsmessdaten an einer Kreiselpumpe mit bekannten Fehlersymptomen) lernt das System, interne Klassifizierungen der Fehler durchzuführen.

Die meisten Verfahren werden allerdings fehlerhaft, wenn die Anzahl verfügbarer Trainingsobjekte gering ist, so dass der Mangel an Eingangsinformation weiterhin die Achillesferse vieler Fehlerzuordnungssysteme darstellt. YUAN [Yua06] untersucht die Möglichkeit, die Fehlerdiagnose mittels einer Stützvektormaschine (Support Vector Machine) durchzuführen. Hierfür entwickelt YUAN einen Algorithmus, mit dem das ursprünglich auf die Trennung zweier Klassen beschränkte Klassifizierungsverfahren auch die Gruppierung von mehreren Klassen durchführen kann. Der Vergleich dieses Verfahren mit fünf existierenden Algorithmen zeigt, dass die Stützvektormaschine eine schnellere und präzisere Mustererkennung ermöglicht. Auch ZOGG führt eine vektorbasierte Klassifizierung der Residuen, die in einem modellbasierten Analyseverfahren mit Parameteridentifikation ermittelt wurden, durch. Hier wird die Abnahme der Effizienz von Heizungsumwälzpumpen diagnostiziert und eine Fehlerdiagnose der Ursachen des Wirkungsgradabfalls vorgenommen. Dafür wird das Heizungssystem [Zog06], [Zog02] in einem Modell beschrieben und mögliche Fehler, die an der Anlage auftreten können, werden identifiziert (z. B. zu geringe Wärmeübertragung am Kondensator oder Verdampfer, zu geringer Massenstrom durch das Ventil etc.).

1.3. Weiterer Forschungsbedarf und Zielsetzung dieser Arbeit

Die Aktivitäten auf dem Gebiet der Zustands- und Fehlererkennung in Pumpensystemen sind im universitären und industriellen Bereich sehr umfangreich und bereits weit fortgeschritten.

Während die Güte bei signalgestützten Konzepten im Wesentlichen von Messprinzip und Anordnung der Sensoren abhängt, ist sie bei modellgestützten Konzepten durch die Genauigkeit des zugrunde liegenden mathematisch-physikalischen Modells bestimmt. In beiden Konzepten müssen in der Regel zuerst ein definierter Fehler an einer Pumpe eingebracht werden und die sich einstellenden Merkmale experimentell ermittelt und aufgezeichnet werden, um ein darauf abgestimmtes Fehlererkennungssystem aufzubauen. Die Übertragung von Prüfstandsergebnissen auf Pumpen und Anlagen im Feldversuch und die richtige Zuordnung von Fehlern unter realen Bedingungen mittels Fehlerbäumen oder Mustererkennungsverfahren stehen derzeit im Fokus der Forschungsaktivitäten. Ziel ist es, aus wenigen Messsignalen möglichst viele Fehlerzustände der Pumpe durch entsprechende Merkmale im Signal oder im Prozessmodell wiederzuerkennen.

Bei dieser Vorgehensweise ist allerdings nicht auszuschließen, dass _nicht_ gezielt _untersuchte Fehler_ einen ähnlichen Einfluss auf die charakteristischen Merkmale haben wie die gezielt eingebrachten Fehler. Des Weiteren stellt die richtige Zuordnung von Fehlern bei einer _Kombination verschiedener Fehlerzustände_ noch ein Problem dar.

Trotz des erhöhten Messaufwandes ist die Frage gerechtfertigt, ob es nicht lohnt, die Genauigkeit einer Fehlererkennung dadurch zu verbessern, die Sensorik räumlich _dezentral_ so anzubringen, dass die Fehlerursache schon bei der Aufnahme des Signals eindeutig zugeordnet werden kann. Bei signalbasierten Ansätzen bedeutet dies die Erfassung des Fehlers über eine Messgröße, auf die sich der Fehler _direkt_ (und möglichst als einziger Fehler) auswirkt. Bei modellbasierten Ansätzen könnten (zusätzlich oder ergänzend zum Prozessmodell) _Teilmodelle_ der Pumpe definiert werden, so dass die Fehlerursache eindeutig zuzuordnen ist. Die direkte Überwachung eines Bauteilzustandes wird in den Arbeiten von KLAPP [Kla04] und KIGGEN [Kig04b] umgesetzt. KLAPP verwendet den Vergleich von Signalverläufen im Zeitbereich, um Schäden an den _Produktventilen_ oszillierender Verdrängerpumpen festzustellen. Er vergleicht hierbei konkret die Dehnungszustände von Dehnungsmessstreifen (so genannte „Dehnungsdiagramme").

KIGGEN widmet sich der Überwachung von *Gleitringdichtungen* am Beispiel einer Chemienormpumpe. Fehler an *Gleitringdichtungen* stellen die häufigste Ausfallursache von Pumpen dar (circa 70% aller Ausfälle [Kig04b]). Zur Frühwarnung des Trockenlaufs einer Gleitringdichtung sind bei KIGGEN Piezoelemente in den Gegenring der Gleitringdichtung integriert. Über einen thermischen Sensor am Gegenring kann die Temperaturzunahme bei der Aufwärmung der Pumpe im Falle eines fehlerhaften Betriebs gegen einen geschlossenen Schieber festgestellt werden.

Nach dem Ausfall von Gleitringdichtungen und Lagern nennen Anlagenbetreiber *Spaltverschleiß* [Koh09a] als häufigste die Bauteile einer Pumpe betreffende Ausfallursache. Neben der Einhaltung eines Mindestspiels zwischen dem rotierenden Laufrad und dem feststehenden Gehäuse erfüllt der saugseitige Spalt weitere wichtige Funktionen (siehe Kapitel 5.1), die sich auf die Energieeffizienz und die Verfügbarkeit einer Pumpe auswirken. Es ist deshalb ein Ziel dieser Arbeit, das saugseitige *Dichtspaltmaß im laufenden Betrieb* zu überwachen. Um den Spaltverschleiß (der sich auch auf andere Größen wie die Förderhöhe und die Leistungsaufnahme auswirkt) *direkt* zu erfassen, werden Druckdifferenzen unmittelbar am Dichtspalt ausgewertet. Des Weiteren wird ein *Teilmodell* der Strömungsverhältnisse im Radseitenraum und im Spalt eingesetzt, um den Fehler eindeutig zuordnen zu können.

Weiterhin wurden Anlagenbetreiber in [Koh09a] nach den Anforderungen an ein Diagnosesystem gefragt und speziell nach einer Gewichtung bei der Wichtigkeit der Überwachung von Ausfallursachen. Als häufige Ausfallursache wurden Störungen aus einer unzulässigen Betriebsweise (z. B. starke Teillast oder Kavitation) genannt. Oftmals ist ein falscher Betrieb die Ursache für eine zu hohe Belastung der ausfallgefährdeten Lager und Dichtungen. Es ist deshalb ein weiteres Ziel dieser Arbeit, die *Betriebsweise einer Pumpe im laufenden Betrieb zu erfassen* und *eine Information über die Kavitationsintensität im laufenden Betrieb* bereitzustellen. Auf diese Weise können durch den Anlagenbetreiber oder durch eine implementierte Regelung Maßnahmen ergriffen werden, um der vorliegenden Störung entgegenzuwirken. Eine sinnvolle *Quantifizierung* der Kavitation ist dabei besonders wichtig: Zwar liefern die heutigen Fehlererkennungssysteme fast alle eine Ja/Nein-Information über Kavitation in Pumpen, allerdings setzen die negativen Effekte der Kavitation erst dann ein, wenn ein gewisses Maß an Kavitation überschritten ist. Somit soll in dieser Arbeit das Maß der Kavitation quantifiziert werden.

Die meisten der vorgestellten Fehlererkennungssysteme sind zur Erfüllung ihrer Funktion weiterhin auf eine Information über den *Betriebspunkt der Pumpe* angewiesen. Hierfür notwendige zusätzliche Instrumentierung mit „Standardmesstechnik" führt zu längeren Amortisationszeiten für Fehlererkennungssysteme. Eine integrierte und kostengünstige Lösung zur Betriebspunkterfassung kann deshalb die *Akzeptanz* derzeit erforschter Fehlererkennungssysteme enorm steigern.

Darüber hinaus bietet die Kenntnis des Betriebzustands von Pumpen noch weitere nicht minder wichtige Vorteile: Nach dem heutigen Wissenstand sind die höchsten *Energieeinspareffekte* durch die Optimierung eines Systems im Ganzen zu erreichen statt durch die isolierte Betrachtung einzelner Systemkomponenten [Eur08] und [Hyd04]. Um die Feinabstimmung aller Systemkomponenten und deren Zusammenspiel zu ermöglichen, ist die Kenntnis über den aktuellen Betriebszustand jeder Komponente des Pumpensystems (Frequenzumrichter, Elektromotor, Getriebe, Pumpe, ...) erforderlich. Auf diese Weise kann der bestmögliche Gesamtwirkungsgrad und der effizienteste Energieeinsatz für eine Förderaufgabe bestimmt und eingestellt werden. Nach [Eur08] kann eine Systemoptimierung bei elektromotorisch angetriebenen Systemen den Energieverbrauch nicht selten um 20% und mehr senken.

Schließlich können über die Kenntnis des Volumenstroms in jedem Rohrleitungsabschnitt *Leckagen* im Kreislauf identifiziert werden.

Eine *integrierte Betriebspunkterfassung* dient folglich:

- der Vermeidung unzulässiger (und fehlerinduzierender) Betriebsbereiche
- der Akzeptanzerhöhung bestehender Fehlererkennungssysteme
- der Optimierung des Gesamtsystems zur Steigerung der Energieeffizienz
- und der Identifizierung von Leckagen in der Anlage.

Der Betriebspunkt wird allgemein über die statische Druckerhöhung, die Pumpendrehzahl, den Volumenstrom und die Leistungsaufnahme der Pumpe ausgedrückt. Die größte Herausforderung bei einer integrierten Betriebspunkterfassung stellt die Bestimmung des Volumenstroms im laufenden Betrieb dar.

Es ist deshalb ein weiteres Ziel dieser Arbeit zu untersuchen, inwieweit der *Durchfluss über Messgrößen innerhalb der Pumpe* bestimmt werden kann. Durch einen „integrierten Volumenstromsensor" könnte auf ein zusätzliches Durchflussmessgerät (z. B. Magnetisch induktives Durchflussmessgerät), welches definierte Einbausituationen erfordert und zusätzliche Anschaffungs- und Einbaukosten verursacht, verzichtet werden.

In dieser Arbeit wird mit Effizenz eines Fluidfördersystems die Kombination aus *Energieeffizienz* und *Verfügbarkeit* des Systems bezeichnet. Es handelt sich somit um eine kostenmäßige Effizienzbetrachtung, da sowohl zu hoher Energiebedarf als auch zu häufige und vor allem außerplanmäßige Systemausfälle die Gesamtkosten des Systems stark erhöhen.

Diese Arbeit stellt mehrere neue Methoden vor, die von ihren Prinzipien her gänzlich unterschiedlich sind, sich jedoch alle darin gleichen, dass sie zur Erhöhung der Effizienz (sprich der Erhöhung der Energieeffizienz oder Erhöhung der Verfügbarkeit) eines Fluidfördersystems dienen sollen. Abbildung 1-3 fasst diese in dieser Arbeit behandelten Ansätze zur Erhöhung der Energieeffizienz und der Verfügbarkeit von Fluidfördersystemen übersichtlich zusammen.

Im Anhang dieser Arbeit wird schließlich noch eine interessante Möglichkeit der Effizienzerhöhung vorgestellt, welche sich über den Effizienzzustand *einer* Pumpe hinaus, mit der schädigungsoptimalen *Drehzahlabstimmung* zweier in hydrodynamischer Interaktion stehender Pumpen befasst.

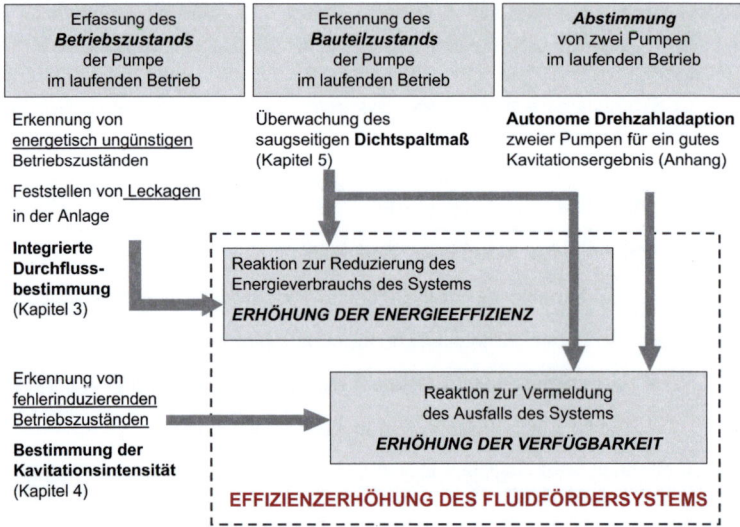

Abbildung 1-3: Übersicht der in dieser Arbeit behandelten Potenziale zur Effizienzerhöhung in Fluidfördersystemen

1.4. Lösungsweg zur Erreichung des Ziels

Um die zuvor genannten Methoden zur Erhöhung der Effizienz eines Fluidfördersystems zu erproben und ihre Wirksamkeit zu verifizieren, wurden an zwei Pumpenprüfständen experimentelle Untersuchungen durchgeführt. Darüber hinaus wurden vereinzelt numerische Simulationen mit kommerzieller Strömungssimulationssoftware angestellt. Die *experimentellen Aufbauten* sowie die Messtechnik, mit denen die Versuche dieser Arbeit durchgeführt wurden, werden in Kapitel 2 vorgestellt.

Kapitel 3 befasst sich mit der *in Pumpen integrierten Volumenstrombestimmung über Druckmessungen*. Den ersten Schritt zur Durchflusserfassung bildet die theoretische Betrachtung der betriebspunktabhängigen Druckverhältnisse innerhalb einer Spiralgehäusepumpe. Potenziell geeignete Messstellen zur integrierten Durchflussbestimmung werden anhand theoretischer Betrachtungen und existierender Patente zunächst identifiziert und daraufhin experimentell auf ihre Eignung hin untersucht. Kalibrierungskennfelder der

Druckdifferenz über den Volumenstrom und der Drehzahl werden für die untersuchten Messstellen aufgezeichnet, so dass im Pumpenbetrieb aus der laufend gemessenen Druckdifferenz- und Drehzahlinformation auf den aktuellen Durchfluss geschlossen werden kann. Die erzielten Genauigkeiten werden für die untersuchten Messpositionen gegenübergestellt und eine Methodik zur Reduzierung des Einflusses der Reynoldszahl erarbeitet.

Kapitel 4 befasst sich mit der *Überwachung der Kavitationsintensität* an einer Kreiselpumpe. An zwei Prüfständen wird untersucht, inwiefern Messungen am Pumpengehäuse Aufschluss über die Kavitationsintensität an der Beschaufelung geben können. Des Weiteren wird vorgestellt, wie diese Messergebnisse der Kavitationsintensität am Pumpengehäuse zur Erhöhung der Verfügbarkeit des Systems genutzt werden können. Die Kavitationsintensität wird dabei über einen Körperschallsensor erfasst, der das hochfrequente, kavitationsinduzierte Schallsignal aufnimmt. An einer axialen Strömungsmaschine erfolgt der Vergleich zwischen der an einer kavitierenden Schaufel und dem am Gehäuse gemessenen Effektivwert des Schallsignals für unterschiedliche Betriebspunkte und Gasgehalte. An einer Radialpumpe wird schließlich untersucht, inwieweit der Messaufwand zur Erstellung eines vierdimensionalen akustischen Kennfeldes durch existierende Modelle reduziert werden kann.

Die *Kontrolle des saugseitigen Spaltmaßes* wird in Kapitel 5 behandelt. Aus einer theoretischen Betrachtung der Druckverteilung innerhalb der Spiralgehäusepumpe werden sensitive Messstellen zur Erfüllung der Überwachungsaufgabe ausgemacht. Kennfelder der Druckdifferenz über der Spaltweite, dem Volumenstrom und der Drehzahl werden an unterschiedlichen Messorten der Versuchspumpe aufgezeichnet – dabei wird der Verschleiß des Dichtspalts durch den Einsatz verschiedener Spaltringe simuliert. Aufgrund des hohen Messaufwands, der für die Erstellung des Kalibrierungskennfelds erforderlich ist, wird die Möglichkeit untersucht, existierende analytische Modelle zur Berechnung der Druckverteilung innerhalb der Pumpe zur Bestimmung des Spaltmaßes heranzuziehen. Eine optimale und allgemeingültige Positionierung der Druckmesspositionen innerhalb von Spiralgehäusepumpen wird mithilfe von Strömungssimulationen ermittelt.

In Kapitel 6 werden die Ergebnisse dieser Arbeit zusammengefasst und abschließend wird ein Ausblick zum weiteren Forschungsbedarf gegeben.

2. Versuchs- und Messeinrichtungen

Die Ergebnisse der experimentellen Untersuchungen der vorliegenden Arbeit wurden an zwei Prüfständen gewonnen, die im folgenden Kapitel vorgestellt werden. Am Prüfstand „Radialpumpe" wurden Versuche zur integrierten Volumenstrombestimmung, zur Spaltmaßüberwachung und zur Bestimmung der Kavitationsintensität durchgeführt. Der Prüfstand „Radialpumpe" kann bei Einbau eines autonomen axialen Moduls zum Prüfstand „Pumpeneinheit" erweitert werden, bei dem das axiale Modul der Radialstufe als Vorsatzlaufrad dient. Die Ergebnisse dieser Untersuchungen sind im Anhang zu finden. Am Prüfstand „axiale Strömungsmaschine" wurden die Kavitationsversuche durchgeführt.

2.1. Prüfstand „Radialpumpe" bzw. „Pumpeneinheit"

Versuchsstand „Radialpumpe"

Bei diesem Versuchsstand handelt es sich um einen geschlossenen Kreislauf der Nennweite 100 mm mit einem Fassungsvolumen von ca. 3 m^3. Als Versuchsflüssigkeit wird Wasser verwendet. Die Dimensionen des Prüfstandes sowie dessen Bestandteile sind in Abbildung 2-1 dargestellt. Das Wasser gelangt aus dem Beruhigungsbehälter (1) in die Versuchspumpe (2), die durch einen 55-kW-Asynchronmotor (3) über einen Frequenzumrichter drehzahlvariabel angetrieben wird. Über die Druckleitung (4) gelangt das Fluid zur Drossel (5) und zurück in den Tank. Die Drossel wird elektrisch betätigt, sie ermöglicht eine Verstellung des Anlagenwiderstandes und somit die Einstellung des geförderten Volumenstroms. Der Durchfluss wird über einen magnetisch-induktiven Durchflussmesser (6) erfasst. Über ein saugseitig angebrachtes Widerstandsthermometer (7) kann die Wassertemperatur gemessen werden. Eine Messwelle im Antriebsstrang dient der Erfassung des Drehmoments (8). Die Radialpumpe ist mit einem Gleitlager (9) ausgestattet, die Wellenabdichtung erfolgt über eine doppelt wirkende Gleitringdichtung. Bei Bedarf kann das Versuchswasser mittels eines Wärmetauschers (10) gekühlt werden. Des Weiteren kann das Wasser über einen Filter (11) geführt und gereinigt werden.

Der Systemdruck kann über Druckluftzufuhr (12) oder über Druckabsenkung durch eine Vakuumpumpe eingestellt werden. Ein weiterer Bestandteil des Prüfstandes ist schließlich die Druckmessbank (13) mit Verteilungseinrichtung, die es ermöglicht, viele Drücke bei Verwendung weniger Drucksensoren zu erfassen.

Versuchs- und Messeinrichtungen

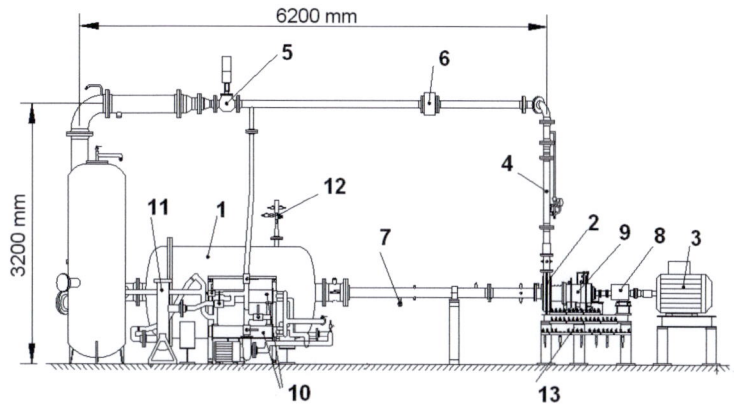

Abbildung 2-1: Ansicht des Versuchskreislaufs „Radialpumpe"

Der Prüfstand „Radialpumpe" kann durch den Einbau eines axialen Moduls erweitert werden. Die axiale Stufe kann wie in Abbildung 2-2 dargestellt über die an beiden Seiten des Moduls vorhandenen Anschlussbohrungen direkt in den Kreislauf integriert werden. Der Läufer wird über eine Riemenscheibe durch einen 12-kW-Asynchronmotor mit Frequenzumrichter drehzahlvariabel angetrieben. Durch Höhenverstellung des Antriebstranges (siehe Abbildung 2-3) wird der Zahnriemen gespannt. Ein saugseitig angebrachtes Plexiglaselement ermöglicht die optische Zugänglichkeit zum Laufrad.

Abbildung 2-2: Axiales Modul mit Anschlussbohrungen

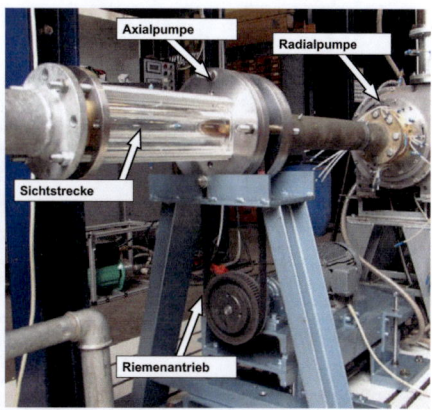

Abbildung 2-3: Erweiterte Versuchsstrecke

Versuchspumpen

Bei der radialen Versuchspumpe handelt es sich um eine einströmige, einstufige Versuchspumpe in Spiralgehäusebauart mit einer spezifischer Drehzahl von $n_s = 20$ min^{-1}. Alle flüssigkeitsbenetzten inneren Oberflächen der Pumpe aus Edelstahl sind handpoliert oder feingedreht. Die Rauhigkeitswerte in Strömungsrichtung liegen unter 0,5 µm, so dass die Oberflächen als hydraulisch glatt bezeichnet werden können.

Eine Besonderheit dieser Versuchspumpe ist ihr modularer Aufbau (siehe Abbildung 2-4). Dieser ermöglicht den Austausch der Spaltringe und somit ein Einstellen des saugseitigen Spaltmaßes. Durch die sehr steife Welle und Lagerung sowie durch die statisch hochgenaue Auswuchtung des Laufrades in Kombination mit einem präzisen Kegelsitz auf der Welle können geringe radiale Spaltweiten realisiert werden, ohne dass die Gefahr des Anstreifens besteht. Am Umfang des schaufellosen Diffusors, im Radseitenraum und hinter dem Dichtspalt kann der Druck an verschiedenen *Umfangspositionen* erfasst werden. Darüber hinaus besteht die Möglichkeit, im Radseitenraum an unterschiedlichen *Radialpositionen* zu messen. Schließlich können die Messungen sowohl *saugseitigen* als auch im *druckseitigen* Radseitenraum durchgeführt werden. Weitere Druckmesspositionen wurden am Sporn angebracht (siehe Abbildung 2-5). Die genaue Position der verwendeten Messstellen wird in Kapitel 3.3 vorgestellt.

Abbildung 2-4: Radialpumpe $n_s = 20$ min^{-1} bei geöffnetem Saugmund

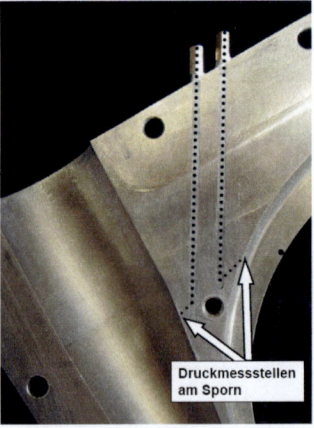

Abbildung 2-5: Spiralgehäusehälfte mit den Druckmessstellen am Sporn

Die Konstruktion des axialen Pumpenmoduls ist in Abbildungen 2-6 und 2-7 dargestellt. Das Laufrad (1) wird über das umschließende Deckband in einen Läufer (2) eingepasst und mit Distanzhülsen (3) sowie Messingmuttern mit Außengewinde (4) axial fixiert. Der Läufer ist mit konventionellen Rillenkugellagern (5) gelagert. Die dynamische Abdichtung erfolgt mit Radialwellendichtringen (6), die speziell für die hohen Versuchsdrehzahlen und für die Beständigkeit der Dichtwirkung bei Unterdruck ausgewählt wurden. Das Modul wird mit vier Gewindestangen und vier Distanzrohren verspannt (7 und 8). Der Antrieb erfolgt über eine Riemenscheibe (9), die ausgedreht wurde und mittels Passfederverbindung auf den Läufer angebracht ist.

Versuchslaufräder

Das radiale Laufrad besitzt eine abnehmbare Deckscheibe: Diese wurde mittels CNC gefertigt und poliert, um hydraulisch glatte Eigenschaften zu gewährleisten.

Die axiale Beschaufelung ist eine maßstabsgetreue Verkleinerung einer am Fachgebiet vorhandenen Großausführung mit sehr guten Kavitationseigenschaften, d. h. mit weiten Betriebsbereichen ohne Auftreten von Kavitation. Der Außendurchmesser der Axialpumpe wurde mit 100 mm auf den Saugmunddurchmesser der Radialpumpe so festgelegt, dass das axiale Modul direkt vor die Radialstufe platziert werden kann. Über die Ähnlichkeitsgesetze wurden die Förderdaten des verkleinerten Modells der Axialpumpe berechnet. Das Laufrad wurde in einem Metall-Laser-Sinterverfahren hergestellt und mit einem Korrosionsschutz überzogen. Abbildung 2-7 zeigt das auf diese Weise hergestellte Pumpenlaufrad.

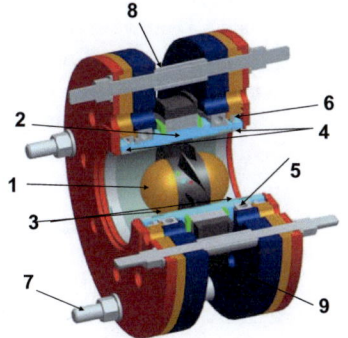
Abbildung 2-6: Axiales Pumpenmodul

Abbildung 2-7: Axiales Laufrad

Die Entwurfsdaten der axialen Pumpe und der Radialpumpe im Nennpunkt sind in Tabelle 2-1 aufgeführt.

Tabelle 2-1: Entwurfsdaten der Versuchspumpen

	Formelzeichen	Einheit	Axiale Pumpe	Radiale Pumpe
Spezifische Drehzahl	n_s	min^{-1}	180	20
Drehzahl	n	min^{-1}	2000	2000
Volumenstrom	Q	m³/h	53	84
Förderhöhe	H	m	1,49	37,76
Leistungsaufnahme	P_{el}	kW	1,5[4]	12,3
Laufradaußendurchmesser	D_2	mm	100	260

Messtechnik

Zur Erfassung der statischen Drücke werden piezoresistive Absolutdruck- und Differenzdrucksensoren verwendet. Die Drehzahlbestimmung der Radialpumpe erfolgt durch einen optischen Impulsgeber. Mit einer Drehmomentenmesswelle wird das Torsionsmoment im Antriebsstrang der Radialpumpe bestimmt. Die Drehzahl der Axialpumpe wird mit einem Stroboskop festgestellt. Die Leistungsbestimmung der Axialpumpe erfolgt über die Messung des Spannungs- und des Stromsignals am Antriebsmotor. Diese Leistung enthält neben der von der Pumpe zur Erfüllung der Förderaufgabe tatsächlich benötigten Leistung noch die mechanische Verlustleistung der Lager und Dichtungen sowie die Verlustleistung der Riementriebsübertragung und die Motorverlustleistung. Die Temperatur kann durch ein Widerstandsthermometer und der Durchfluss mittels eines magnetischinduktiven Durchflussmessers erfasst werden.

Zur Erfassung dieser Messwerte und zur Digitalisierung der Daten wird eine Transputerkarte Modell Adwin8, Fa. Jäger eingesetzt. Die Messwerterfassung sowie die Kartenansteuerung (zur automatisierten Ventil- und Drehzahlsteuerung) erfolgt mit der Software LabView v8.

Die Eigenschaften der eingesetzten Messgeräte sind in Tabelle 2-2 zusammengefasst. Die Angabe der darin aufgeführten Messgerätefehler bezieht sich jeweils auf den Messbereichsendwert (v.E.) oder den aktuellen Messwert (v.M.).

Auf die spezielle Messtechnik, die für die Körperschallmessungen zum Einsatz kommt, wird in Kapitel 4.3 gesondert eingegangen.

---

[4] Die hohe Leistungsaufnahme ist durch den speziellen konstruktiven Aufbau bedingt, bei dem wegen des großen Durchmessers des rotierenden Läufers sehr hohe Reibverluste an den dynamischen Dichtungen entstehen.

Tabelle 2-2: Eingesetzte Messtechnik am Prüfstand „Radialpumpe"

Messgröße	Sensor	Modell und Hersteller	Messbereich	Genauigkeit laut Hersteller
Absolutdruck	Piezoresistiver Absolutdrucksensor	PAA-23/8465 Keller	p = 0-5 bar p = 0-10 bar U_a = 0-10 V	±0,08% v.E.
Differenzdruck	Piezoresistiver Differenzdrucksensor	PAA-23/8466 Keller	Δp = 0-15 bar U_a = 0-10 V	±0,1% v.E.
Volumenstrom	Magnetisch induktiver Durchflussmesser	COPA-XM DN80 Fischer & Porter	Q = 0-180 m³/h U_a = 0-10 V	±0,2% v.M.
Drehzahl Radialpumpe	Optoelektrischer Absolutwertgeber	0130/03 AE02 Staiger Mohilo	n = 0-3000 min⁻¹ U_a = 0-10 V	abs. ±1 min⁻¹
Leistung Axialpumpe	Leistungsmessgerät	Unipower APM380	Pel = 0-250 kW U_a = 0-10 V	Klasse 2
Drehmoment	DMS Messelement	0130/03 AE 02-100 Staiger Mohilo	M = 0-100 Nm U_a = 0-10 V	±0,1% v.E.
Temperatur	Widerstandsthermometer	TM-45/4 Pt100 Jumo	T = 0-50 °C U_a = 0-10 V	±0,5% v.E.

2.2. Prüfstand „axiale Strömungsmaschine"

Versuchsstand „axiale Strömungsmaschine"

Bei dem in Abbildung 2-8 dargestellten Versuchsstand handelt es sich um einen geschlossenen Kreislauf der Nennweite 300 mm, in dem ebenfalls Wasser als Arbeitsmedium eingesetzt wird. Das Volumen umfasst ca. 5 m³. Das Fluid gelangt aus dem Beruhigungsbehälter (1) über die Sichtstrecke aus Plexiglaselementen (2) zur Versuchsmaschine (3), welche durch einen 22-kW-Asynchronmotor über einen Frequenzumrichter drehzahlvariabel (4) angetrieben wird. Durch eine vertikale Rohrgehäusepumpe (5), die als Boosterpumpe eingesetzt wird, kann der Durchfluss durch die Anlage eingestellt werden. Die Boosterpumpe wird über einen Riementrieb durch einen drehzahlregelbaren Gleichstrommotor (6) angetrieben. Die Kühlung des Arbeitsmediums erfolgt über das doppelwandig ausgeführte Rohrstück (7) stromab der Rohrgehäusepumpe. Über den beschaufelten Rechteckkrümmer (8), den Gleichrichter (9) und den zweiten beschaufelten Rechteckkrümmer (10) gelangt das Fluid zum Formstück (11), wo der Übergang von rechteckig auf rund stattfindet. Das Fluid wird schließlich von dem Formstück zurück zum Beruhigungsbehälter geleitet. Die Durchflussmessung erfolgt an diesem Prüfstand ebenfalls über ein magnetisch-induktives Durchflussmessgerät (12).

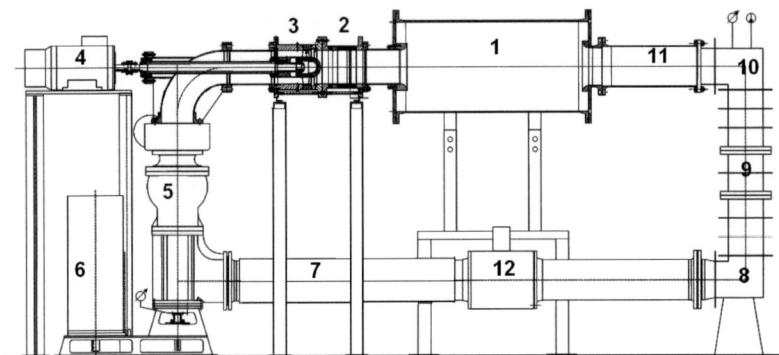

Abbildung 2-8: Ansicht des Versuchskreislaufs „axiale Strömungsmaschine"

Durch Druckluftzugabe oder Einsetzen einer Vakuumpumpe kann auch an diesem Prüfstand der Systemdruck eingestellt werden.

Versuchsmaschine

Als Versuchsträger dient eine axial durchströmte Maschine mit vier ebenen „Schaufeln" (siehe Abbildung 2-9). Die Schaufeln sind in Nuten der Nabe eingepasst und verschraubt. Der Schaufelwinkel der Versuchsplatten beträgt 68°.

Bei einer Drehzahl von $n = 1000$ min^{-1} bedeutet das eine schaufelkongruente Anströmung für den Volumenstrom $Q = 650$ m^3/h.

Messtechnik

Die Nabe der Versuchspumpe ist hohl ausgeführt. Eine der Schaufeln besitzt einen „Schaufelfuß" bzw. eine stabförmige Verlängerung, die in die hohle Nabe hineinragt. An diesem Schaufelfuß kann ein Sensor angebracht werden, so dass der Körperschall direkt an der Struktur, die der Kavitation ausgesetzt ist, gemessen wird. Dies ist in Abbildung 2-10 zu sehen. Die gekapselte Antriebswelle ist ebenfalls hohl gestaltet, so dass das Sensorkabel aus der Nabe durch die Welle bis zum Wellenende geführt werden kann. Von dort aus wird das Signal per Telemetrie aus dem rotierenden System auf eine stationäre Empfangseinheit übertragen. Auf die spezielle Messtechnik, die für die Körperschallmessungen zum Einsatz kommt, wird in Kapitel 4.3 gesondert eingegangen.

 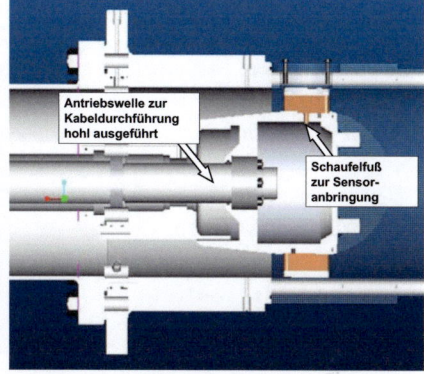

Abbildung 2-9: Foto der axialen Strömungsmaschine

Abbildung 2-10: CAD Darstellung der im Prüfstand eingebauten axialen Strömungsmaschine

Der Förderstrom wird über ein magnetisch-induktives Durchflussmessgerät erfasst, welcher die in Tabelle 2-3 aufgeführten Charakteristika aufweist. Der statische Druck wird vor und hinter der Versuchsmaschine mit Absolutdrucksensoren gemessen. Die Drehzahlbestimmung der Versuchsmaschine erfolgt über die Auswertung eines am Frequenzumrichter gewonnenen TTL-Signals. Die Temperatur wird saugseitig mittels eines Widerstandsthermometers erfasst. Zur Erfassung und Digitalisierung aller Spannungssignale wird eine Messkarte des Typs µDAQ USB-30 der Fa. Eagle verwendet. Das Auslesen der Messkarte erfolgte durch ein eigens hierfür mit dem Softwarepaket Matlab geschriebenes Programm.

Tabelle 2-3: Eingesetzte Messtechnik am Prüfstand „axiale Strömungsmaschine"

Messgröße	Sensor	Modell und Hersteller	Messbereich	Genauigkeit laut Hersteller
Absolutdruck	Piezoresistiver Absolutdrucksensor	PAA-23/8465 Keller	p = 0-5 bar U_a = 0-10 V	±0,08% v.E.
Volumenstrom	Magnetisch-induktiver Durchflussmesser	COPA-XEDX-431-1E Fischer & Porter	Q = 0-900 m³/h U_a = 0-10 V	±0,028% v.M.
Drehzahl	Impulsgeber	DEACODIN/58/LER	< 6000 min⁻¹ TTL	–
Temperatur	Widerstandsthermometer	TM-45/4 Pt100 Jumo	T = 0-60 °C U_a = 0-10 V	±0,5% v.E.

Zur Visualisierung der Strömung wird ein Stroboskop eingesetzt, welches das Triggersignal für eine Hochgeschwindigkeits-Kamera liefert und es ermöglicht, eine Momentaufnahme der Kavitationszone festzuhalten. Zur Gasgehaltsbestimmung kommt eine Apparatur, die nach dem Van-Slyke-Prinzip arbeitet [Str02], zum Einsatz. Durch Druckabsenkung gelangen die gelösten Gase zur Ausscheidung. Durch die Ermittlung des ausgeschiedenen Gasvolumens bezogen auf die Flüssigkeitsmasse ist die Bestimmung des Gasgehalts möglich. Der so ermittelte Gasgehalt entspricht dem gesamten Gehalt an im Wasser gelösten und ungelösten Gasen.

3. Integrierte Volumenstrombestimmung in Pumpen mit Spiralgehäuse

Soll der Betriebspunkt einer Pumpe bestimmt werden, so ist neben der Pumpendrehzahl und neben dem Kennlinienverhalten eine wesentliche weitere benötigte Information der durch die Pumpe fließende Volumenstrom. Die Kenntnis über den Betriebspunkt wiederum ist wichtig, sollen die Pumpe und das Pumpensystem möglichst effizient im Sinne geringen Energieverbrauchs und geringer Ausfallwahrscheinlichkeit betrieben werden. Bei jeder Abweichung von dem Volumenstrom im optimalen Betriebspunkt wird die Strömung gestört und es findet Energiedissipation statt. Für jeden aktiven Eingriff wiederum, dies zu verhindern, ist zunächst die Kenntnis über den aktuellen Volumenstrom (und somit die Kenntnis über eine etwaige Abweichung vom Nennwert) notwendig.

Dieses Kapitel beschäftigt sich deshalb mit Methoden zur Bestimmung des Volumenstroms einer Pumpe im laufenden Betrieb. Es wird dabei zunächst auf die Entstehung der betriebspunktabhängigen Druckunterschiede in einer radialen Pumpe, welche zur Bestimmung des Volumenstromes herangezogen werden, eingegangen. Im darauf folgenden Teil des Kapitels werden Forschungsansätze und Patente vorgestellt, in denen kennfeldbasierte Ansätze zur Messung des Volumenstroms in Kreiselpumpen behandelt werden. Schließlich werden die Ergebnisse der experimentell durchgeführten Untersuchungen zur integrierten Durchflusserfassung vorgestellt und die erreichbaren Genauigkeiten unter verschiedenen Randbedingungen diskutiert.

3.1. Theoretische Betrachtung der Druckverhältnisse in Spiralgehäusepumpen

<u>Druckerhöhung aus der Wirkung des Laufrads</u>

Die sogenannte Förderkennlinie einer Pumpe dient der Beschreibung des Zusammenhangs zwischen gefördertem Volumenstrom und erzeugter Druckenergie. Der typische Verlauf einer solchen Kennlinie ist in Abbildung 3-1 dargestellt. Die spezifische Stutzenarbeit $y_{th,\infty}$ stellt dabei das *theoretisch* mögliche spezifische Energiegefälle zwischen dem Saug- und dem Druckstutzen bei verlustloser Strömung und unendlicher Schaufelzahl des Laufrades dar. Für den Fall einer drallfreien Zuströmung des Laufrades berechnet sie sich nach EULER zu:

$$y_{th,\infty} = u_2 \cdot c_{3u,\infty} \qquad (3\text{-}1)$$

wobei u_2 für die Umfangsgeschwindigkeit am Laufradaußenradius und $c_{3u,\infty}$ für die theoretische Umfangskomponente der Absolutgeschwindigkeit am Laufradaustritt steht. Durch geometrische Beziehungen am Laufradaustritt gelangt man zu Gleichung 3-2, die den linearen Zusammenhang zwischen der theoretischen spezifischen Stutzenarbeit und dem Volumenstrom durch das Laufrad Q_{La} beschreibt.

$$y_{th,\infty}(Q_{La}) = u_2^2 - \frac{u_2}{A_2 \tan\beta_{2,\infty}} Q_{La} \qquad (3\text{-}2)$$

A_2 ist hierbei die Laufradaustrittsfläche und $\beta_{2\infty}$ der theoretische Abströmwinkel. In der *Realität* besitzt das Laufrad eine endliche Schaufelzahl, so dass das Fluid nicht der theoretisch bestimmten schaufelkongruenten Bahn am Laufradaustritt folgt, sondern davon abweicht. Bei Berücksichtigung dieses „Minderumlenkungseffekts" bleibt der lineare Zusammenhang zwischen der theoretischen spezifischen Stutzenarbeit y_{th} und dem Laufradvolumenstrom zwar bestehen, jedoch ändern sich Steigung und Achsenabschnitt der Geraden. Die Werte für die Parameter der neuen Geradengleichung hängen davon ab, welcher Ansatz zur Berechnung des Minderumlenkungsfaktors herangezogen wird [Sto01]. Die theoretische Förderkennlinie verläuft jedoch unabhängig von der Berechnungsmethode des Minderumlenkungseffekts linear unterhalb der für schaufelkongruente Strömung geltenden Gerade. Das heißt, bei Berücksichtigung des Minderumlenkungseffekts verringert sich y_{th} bei gleichbleibendem Laufradvolumenstrom.

Des Weiteren treten in der Realität Strömungsführungsverluste und Leckageverluste im Ringspalt zwischen dem Laufrad und dem Gehäuse auf. Reibungsverluste entstehen an allen strömungsführenden Oberflächen, ihr Anteil ist proportional zum Quadrat der Geschwindigkeit bzw. des Volumenstroms. Weicht der tatsächliche Volumenstrom vom Auslegungsvolumenstrom ab, so entstehen durch die Fehlanströmung des Laufrads und der Leiteinrichtung Stoßverluste. Diese Trägheitsverluste sind proportional zum Quadrat der Differenz zwischen dem geförderten Volumenstrom und dem bei der Auslegung zugrunde gelegten Volumenstrom. Weitere Verlustanteile entstehen durch Vermischungen, Sekundärströmungen und durch Austauschströmungen in starken Teillastzuständen.

Durch Berücksichtigung all dieser Verluste entsteht die *tatsächliche* Pumpenkennlinie, die nun keinen linearen Zusammenhang mehr besitzt, sondern vielmehr den in Abbildung 3-1 schematisch dargestellten Verlauf zeigt.

Die Multiplikation der spezifischen Stutzenarbeit mit der Dichte des Fluids ergibt die Totaldruckdifferenz über das Laufrad. Der Zusammenhang zwischen der Totaldruckdifferenz und dem gefördertem Volumenstrom ist demnach auch quadratisch. Aufgrund dieses parabelförmigen Verlaufs, welcher möglicherweise auch instabile[5] Förderstrombereiche enthält, ist die Kurve der (Total-)druckdifferenz der Pumpe über den geförderten Volumenstrom oftmals ungeeignet, um für eine Interpolation des Volumenstroms genutzt zu werden. Auf den Einfluss des Kennlinienverlaufs auf die Genauigkeit der Volumenstrombestimmung wird in Abschnitt 3.3.2 genauer eingegangen.

---

[5] Eine Kennlinie wird in einem Förderstrombereich als „instabil" bezeichnet, wenn die Steigung in diesem Bereich positiv ist [KSB89]. Kleine Störungen d.h. kleine Änderungen des Volumenstroms führen dann dazu, dass der Betriebspunkt sehr stark schwankt.

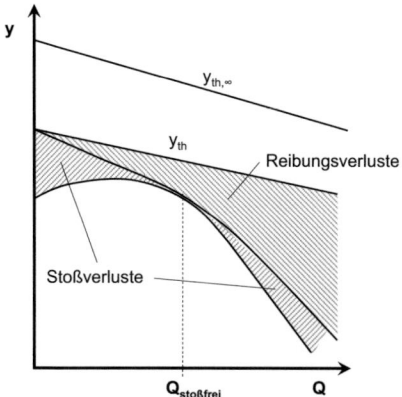

Abbildung 3-1: Typischer Verlauf der theoretischen und der tatsächlichen Kennlinien einer Radialpumpe

Die Kennlinie kann für eine Volumenstrombestimmung nur dann nutzbar gemacht werden, wenn die Messung an solchen Messstellen erfolgt, bei denen die Stoßverluste noch nicht wirksam sind. In diesen Bereichen hat die Kennlinie noch nicht ihren endgültigen, gekrümmten Verlauf und somit keine instabilen Bereiche. Deshalb wird bei den experimentellen Untersuchungen in Kapitel 3.3 der Austrittsdruck bereits am Laufradaustritt erfasst, so dass die Stoßverluste am Sporn und die Reibungsverluste im Druckstutzen nicht mit in die Kennlinie eingehen.

<u>Druckänderung aus der Wirkung des Spiralgehäuses</u>

Neben den Druckunterschieden am Ein- und Austritt einer Pumpe bestehen ebenfalls Druckunterschiede in Umfangsrichtung innerhalb der Pumpe, welche durch die Rückwirkung des Spiralgehäuses auf die austretende Laufradströmung entstehen. Zum besseren Verständnis dieser Druckunterschiede in Umfangsrichtung im Betrieb einer Spiralgehäusepumpe werden zunächst die Methoden der Auslegung einer Leiteinrichtung nach Spiralbauart vorgestellt. Die Auslegung der Leiteinrichtung erfolgt heute nach verschiedenen Methoden, jeweils mit dem Ziel, die Energiedissipation in der Pumpe möglichst gering zu halten.

Häufig werden entweder das Prinzip der Erhaltung der kinetischen Energie nach A.J. STEPANOFF [Bre94] oder aber das Prinzip der Erhaltung des Dralls nach C. PFLEIDERER [Pfl05] herangezogen, um eine solche Leiteinrichtung auszulegen. In [Kow80] werden beide Auslegungsprinzipien durch einen Optimierungsalgorithmus miteinander verknüpft.

Jede Form der Energieänderung führt unweigerlich zu Dissipation von Energie. Daher beruht das Prinzip nach STEPANOFF zur Auslegung der Leiteinrichtung auf der *Erhaltung der kinetischen Energie*. Somit sollen minimale Verluste in der Leiteinrichtung erzielt werden. Ergebnis der Auslegung nach STEPANOFF ist eine lineare Zunahme des Spiralquerschnitts über den Beaufschlagungsbogen. Diese führt allerdings zu asymmetrischen Strömungsverhältnissen in der Spirale, da das Fluid nicht der Fliehkraft folgend rückwirkungsfrei abströmen kann.

Im europäischen Raum ist der Ansatz von PFLEIDERER stärker verbreitet. Der Ansatz von PFLEIDERER beruht auf dem Prinzip der *Drallerhaltung*. Bei einer freien Laufradabströmung folgt das Fluid dem Impulserhaltungssatz nach Gleichung 3-3.

$$r \cdot c_u = const = K \qquad (3\text{-}3)$$

wobei r der lokale Radius, c_u die Umfangskomponente der Absolutgeschwindigkeit und K eine Konstante ist. Nach der Kontinuitätsgleichung bestimmt sich die Meridiankomponente der Absolutgeschwindigkeit c_m aus dem Verhältnis des geförderten Volumenstroms Q zur Laufradaustrittsfläche

$$c_m = \frac{Q}{2\pi r \cdot b} \qquad (3\text{-}4)$$

mit der Laufradaustrittsbreite b. Daraus folgt, dass sowohl die Umfangskomponente der Absolutgeschwindigkeit c_u als auch die Meridiankomponente der Absolutgeschwindigkeit c_m im umgekehrten Verhältnis zum Radius r nach außen hin abnehmen (siehe Abbildung 3-2). Der Winkel α der Stromlinien der Absolutgeschwindigkeit c ist somit auf allen Radien gleich und die unbeeinflusste Abströmung aus dem Laufrad folgt logarithmischen Spiralen [Sur07]. Die Herleitung des funktionalen Zusammenhangs zur Beschreibung des äußeren Spiralkonturverlaufs $R(\varphi, A)$ ist für verschiedene Kanalquerschnitte A in [Men06] nachzulesen.

Die Spiralgehäusewand übt bei Auslegung mit diesem optimalen Spiralkonturverlauf keine Kraft auf die Strömung mit spiralförmigen Stromlinien aus. Voraussetzung ist, dass die Abströmung aus dem Laufrad entsprechend dem Drallsatz erfolgt. Der Druck ist somit über den Spiralumfang homogen und rotationssymmetrisch verteilt.

Die Spiralgehäusewand kann allerdings nur für einen Volumenstrom optimal ausgelegt werden. Bei Änderung des Volumenstroms verändert sich am Laufradaustritt der Strömungswinkel α des Fluids relativ zur Umfangsgeschwindigkeit u. Die Auslegung der Spirale erfolgt in der Regel für den Volumenstrom der schaufelkongruenten Anströmung des Laufrades.

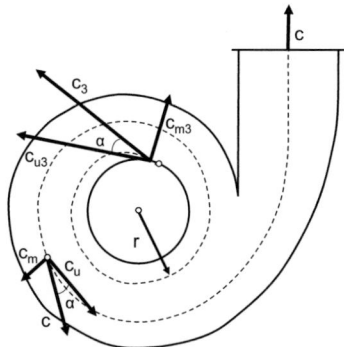
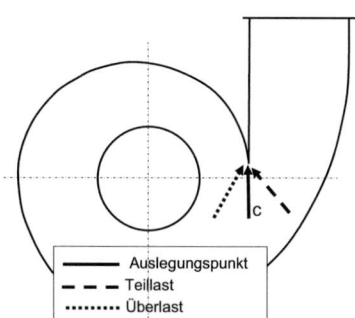

Abbildung 3-2: Absolutgeschwindigkeit und Stromlinien im Auslegepunkt der Spirale

Abbildung 3-3: Anströmung des Sporns bei unterschiedlichen Lastfällen

In *Teillast* ist der Strömungswinkel α kleiner als im Auslegepunkt, so dass die Bahn der Stromlinien zur Umfangsrichtung flacher als im Auslegepunkt verläuft. Die Gehäusekontur entspricht daher keiner Stromlinie der unbeeinflussten Laufradabströmung mehr. Die Spirale ist für den Volumenstrom zu groß. Da die Querschnittszunahme in Umfangsrichtung der Spirale größer ist als die Volumenstromzunahme über den Umfang, wirkt die Leiteinrichtung wie ein Diffusor. D. h., die aus dem Laufrad austretende Strömung wird in Umfangsrichtung verzögert. Abbildung 3-3 zeigt, dass die Anströmung der Spiralzunge im Vergleich zum Auslegepunkt zu flach ist. Dadurch entsteht an der zum Laufrad gerichteten Spornseite ein Unterdruck gegenüber dem mittleren Druck am Laufradaustritt [Gül99]. Der Druck steigt von diesem Minimalwert in Umfangsrichtung zum Druckstutzen (infolge einer zunehmenden Verzögerung) hin an.

In *Überlast* ist der Strömungswinkel α hingegen größer als im Auslegepunkt, so dass am Sporn eine Staupunktströmung vorliegt. Die Zunahme des Spiralquerschnitts ist hier geringer als die Volumenstromzunahme über den Umfang, so dass die Querschnitte der Leiteinrichtung für den Volumenstrom zunehmend zu klein sind und das Fluid in Umfangsrichtung beschleunigt wird. Nach BERNOULLI nimmt der Druck entsprechend über den Umfang von dem Staupunkt bis zum Druckstutzen hin ab.

Es bleibt somit festzuhalten, dass zumindest theoretisch ein eindeutiger, monotoner Zusammenhang zwischen dem Druck in Umfangsrichtung und dem Volumenstrom in einer Pumpe mit Spiralgehäuse besteht. Die Bestimmung des Volumenstromes mittels Messung der Drücke in Umfangsrichtung erscheint somit möglich und wird in Kapitel 3.3 experimentell untersucht.

<u>Anströmung der Spiralgehäusezunge</u>

Auch am Sporn besteht ein Zusammenhang zwischen dem Durchfluss und dem Druck, der zur Volumenstrombestimmung genutzt werden könnte. Die beschriebene Anströmung des Sporns bei verschiedenen Volumenströmen ähnelt den Strömungsvorgängen bei der Umströmung einer Platte: Die Spirale ist so ausgelegt, dass das Fluid im Nennbetriebspunkt ungestört aus dem Laufrad abströmen kann und der Sporn durch das austretende Fluid stoßfrei angeströmt wird. In diesem Betriebspunkt erfährt die Geschwindigkeit des Fluids keine durch die Leiteinrichtung aufgeprägte Betragsänderung, so dass die Druckdifferenz über die beiden Spornseiten – ähnlich wie bei einem symmetrischen, gerade angeströmten Profil – an der Spitze des Sporns nahezu verschwindet.

Je weiter die Messstelle von der Spornspitze entfernt liegt, desto größer ist bei stoßfreier Anströmung der Betrag der verbleibenden Druckdifferenz über die beiden Spornseiten, da das Fluid im Austrittsstutzen (der als Diffusor wirkt) bis zu der Messstelle verzögert wird.

Bei Volumenströmen, die vom Auslegungsvolumenstrom abweichen, wird die Strömung in der Spirale, wie bereits beschrieben, in Überlast in Umfangsrichtung beschleunigt und in Teillast verzögert, so dass sich über den Umfang der Leiteinrichtung eine asymmetrische Druckverteilung einstellt.

Die Druckverhältnisse am Sporn entstehen demnach aufgrund der *Anströmung* der Profilgeometrie, der *Verzögerung* des Fluids im Diffusor der Spirale und durch die *Rückwirkung* des Spiralgehäuses auf die austretende Laufradströmung (Abbildung 3-4).

In Kapitel 3.3 wird die Eindeutigkeit des Zusammenhangs von Volumenstrom und Druckdifferenz über den Sporn experimentell untersucht.

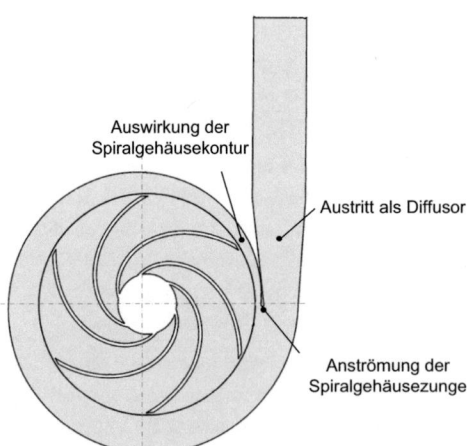

Abbildung 3-4: Einflussgrößen auf die betriebspunktabhängige Druckdifferenz am Sporn

3.2. Stand der Forschung der integrierten Volumenstrombestimmung

Die Messung der *Leistungsaufnahme* stellt derzeit die gängigste Methode dar, um den Betriebspunkt einer Pumpe im laufenden Betrieb bei verhältnismäßig geringem Messaufwand zu bestimmen. Hierzu werden die Leistung des die Pumpe antreibenden Motors gemessen und die berechneten Motorverluste abgezogen, um einen möglichst linearen Motorlastwert über den gesamten Lastbereich zu erhalten [Emo08]. Somit können bei sonst unveränderten Pumpenparametern Teil- und Überlastzustände (also Änderungen des Volumenstromes) anhand der gemessenen Leistungsaufnahme festgestellt werden. Oftmals wirken sich jedoch auch andere auftretende Fehler (z. B. Schaufelbruch, Trockenlauf, Spaltverschleiß oder Kavitation) auf die aufgenommene Leistung aus, so dass ein Kennfeld der Leistungsaufnahme für eine zuverlässige und eindeutige Quantifizierung des Volumenstroms im laufenden Betrieb ungeeignet erscheint.

Die Möglichkeit, den Volumenstrom über einen im Spalttopf einer Spaltrohrmotorpumpe angebrachten *Hallsensor* (über Messung der magnetischen Feldstärke) zu bestimmen, wurde in Abschnitt 1.2 vorgestellt und wird in [Huh01] ausführlich behandelt.

Eine interessante Möglichkeit der integrierten *Spalt*volumenstrombestimmung wird von Bahm [Bah00] vorgestellt. Der intern zirkulierende Leckagestrom wird durch ein im Dichtspalt integriertes, miniaturisiertes *Magnetisch-induktives Durchflussmessgerät* (MID) gemessen. Ein kommerzielles MID funktioniert nach dem Faradayschen Prinzip, welches besagt, dass ein Leiter, der durch ein Magnetfeld bewegt wird, eine Spannung induziert, die proportional zur Bewegungsgeschwindigkeit ist. Ein leitendes Fluid, welches in einem senkrecht zur Strömung eingeleiteten Magnetfeld strömt, erzeugt demnach ein Spannungspotential, welches über Elektroden abgegriffen werden kann. Dieses ist theoretisch proportional zur Strömungsgeschwindigkeit und somit zum Volumenstrom. Wie in Kapitel 5.1 erläutert wird, besitzt die Geschwindigkeit des Spaltvolumenstroms jedoch eine starke Drallkomponente, die das elektrische Feld ebenfalls beeinflusst. Diese Form der integrierten Durchflussmessung erfordert daher eine genaue Kenntnis aller Randbedingungen wie Spaltgeometrie, Durchflüsse und Drehzahlen, die nur über detaillierte Kalibrierungsmessungen gewonnen werden können.

Die Möglichkeit, *statische Drücke* in einer Pumpe zu messen, um eine energetisch günstige *Regelung* vornehmen zu können, wurde bereits im Jahre 1957 in der Patentschrift [DP54] vorgestellt. Um einen energieoptimalen Betrieb einer Pumpe oder eines Verdichters mit Spiralgehäuse zu gewährleisten, setzt der Erfinder auf die im Bestpunkt vorliegende Druckgleichheit an umfangsverteilten Messstellen des Ringraums zwischen dem Laufrad und der Gehäusespirale. Als Voraussetzung für die Gültigkeit seiner Vorgehensweise wird die Berechnung und Ausführung der Spirale nach dem Drallsatz (siehe Kapitel 3.1) angegeben. Die Erfindung geht davon aus, dass die statischen Drücke an *zwei verschiedenen Messorten im Ringraum* erfasst werden und die Druckdifferenz oder das Druckverhältnis dieser Drücke mittels einer Regelvorrichtung konstant gehalten werden.

Dabei geben Abweichungen von der Druckgleichheit im Optimum an, ob die durch die Pumpe oder den Verdichter strömende Menge, bezogen auf den Punkt des besten Wirkungsgrades, zu groß oder zu klein ist.

Der große Vorteil dieser Vorgehensweise zum Betrieb im Bestpunkt einer Strömungsmaschine liegt in der Tatsache, dass keine Messungen vorab durchgeführt werden müssen. Das Verfahren erfordert keine Look-up-Tabelle oder Kennfelder, in der Druckmesswerte des optimalen Betriebs hinterlegt sind. Ein weiterer Vorteil ist, dass die Methodik nicht von Fertigungsstreuungen innerhalb einer Pumpenbaureihe abhängt, da die Druckgleichheit im Bestpunkt einer Spiralgehäusepumpe auch dann vorliegt, wenn die Lage und der Wert dieses Bestpunkts innerhalb der Serie streuen.

Ein Nachteil ist jedoch, dass die beschriebene Druckgleichheit im Optimum nur bei Pumpen mit Spiralgehäusebauart vorliegt, die darüber hinaus nach dem Drallsatz ausgelegt sein müssen. Wichtig ist auch, dass die Auslegung der Spirale für den Auslegepunkt des Laufrades erfolgt ist, ansonsten kann Druckgleichheit bei einem vom Bestpunkt abweichenden Betriebspunkt vorliegen.

Verfolgt man bei der energieoptimalen Betriebsweise eines Fluidfördersystems einen *Systemansatz*, bei dem alle Komponenten einer Anlage aufeinander abgestimmt werden sollen, stößt das Druckdifferenzverfahren schließlich endgültig an seine Grenzen: Da es keine genaue Information über den Betriebspunkt und den Energieverbrauch der Einzelpumpe liefert, sondern nur die digitale Information über optimalen oder nicht optimalen Betrieb der Einzelpumpe, kann keine energieeffiziente *Abstimmung des Gesamtsystems* erfolgen (denn aus Systemsicht kann es optimal sein, alle im System vorhandenen Pumpen *außerhalb* ihres individuell optimalen Betriebspunktes zu betreiben).

1992 wurde ein Patent [USP92] zur *Messung der Durchflussmenge* durch eine Kreiselpumpe veröffentlicht. Dabei setzt der Erfinder ebenfalls auf die Erfassung *statischer Differenzdrücke*. Die von ihm untersuchte Pumpe ist mit einem Spiralgehäuse ausgestattet, welches nicht nach dem Drallsatz, sondern nach dem Energieerhaltungssatz (siehe Kapitel 3.1) ausgelegt ist. Aus den gemessenen Druckdifferenzen wird eine Kalibrierungsfunktion $Q_{kal} = f(\Delta p_{kal})$ gebildet. Diese Funktion wird im Betrieb verwendet, um aus der gemessenen Druckdifferenz Δp den Volumenstromwert Q berechnen zu können. Zur Validierung des Ansatzes wurden experimentelle Voruntersuchungen am *Pumpendruckstutzen* einer Spiralgehäusepumpe durchgeführt.

Der Nachteil dieser Methode ist, dass die Druckerhöhung in der Spirale über den betrachteten Volumenstrombereich eine stetige, monoton steigende Funktion sein muss. Es ist fraglich, ob dies im Druckstutzen immer zutrifft und inwieweit eine Reproduzierbarkeit der Ergebnisse auch in Teillastzuständen, bei denen Austauschströmungen in das Laufrad am Laufradaustritt auftreten, gegeben ist.

Die Idee, den Volumenstrom über die Messung statischer Drücke *am Sporn* eines Spiralgehäuses zu bestimmen, wurde 1995 patentiert [EP94]. Ähnlich der in den USA patentierten Lösung [USP92] wird ein (in diesem Fall dimensionsloser) funktionaler Zusammenhang

$$\frac{\Delta H_{AB}}{H_{opt}} = f\left(\frac{Q}{Q_{opt}}\right) \qquad (3\text{-}5)$$

in einer Auswerteeinheit hinterlegt. Der im Betrieb gemessene Differenzdruck kann mit Hilfe dieser Auswerteeinheit in eine Fördermengenangabe umgewandelt werden. ΔH_{AB} stellt hier die aus der statischen Differenzdruckmessung berechnete statische Förderhöhe zwischen den Messpunkten A und B auf beiden Spornseiten dar, H_{opt} und Q_{opt} sind die Förderhöhe und der Volumenstrom im Bestpunkt der Pumpe, Q ist der aktuelle Volumenstrom.

Dieses Patent bietet den Vorteil, dass die Messung an einem dem Sporn vorgelagerten separaten Bauteil erfolgen kann, so dass sich eine Nachrüstung bestehender Pumpen einfach gestaltet.

Schließlich wurde 2005 ein weiteres Patent zur *integrierten Durchflussbestimmung* offengelegt [DP03]. Bei diesem Ansatz wird ebenfalls aus einer experimentell gemessenen Kalibrierungskennlinie auf den Volumenstrom geschlossen. Anhand der *statischen Druckdifferenz* am Ein- und Austritt der Pumpe, der *Pumpenleistung* und des *Pumpenwirkungsgrades* wird der Kalibrierungszusammenhang nach Gleichung 3-6 gebildet.

$$f(Q_{kal}) = \frac{P_{kal}}{\Delta p_{kal}} = \frac{Q_{kal}}{\eta_{kal}} \qquad (3\text{-}6)$$

Durch die Division der beiden dichteabhängigen Größen Leistung P und Druckdifferenz Δp kann die Dichte des Fluids herausgekürzt werden, so dass die Durchflussbestimmung weitestgehend dichte- und temperaturunabhängig ist. Ein weiterer Vorteil ist, dass die Messung des benötigten Differenzdruckes an Stellen erfolgt, an denen ohnehin zur Erfassung der Förderhöhe bereits Sensoren verwendet werden. Schließlich könnten in der Pumpe auftretende Fehler, die sich sowohl auf die Förderhöhe als auch auf die Leistungsaufnahme und den Wirkungsgrad auswirken (z. B. Kavitation, Spaltverschleiß) durch diesen Kalibrierungszusammenhang rechnerisch bereinigt werden, so dass die Volumenstrombestimmung trotz Fehlers noch exakt bliebe.

Ein Nachteil bei diesem Ansatz ist allerdings, dass die aufgenommene Pumpenleistung und der Pumpenwirkungsgrad im laufenden Betrieb bestimmt werden müssen. Die Einrichtung, mit der die Leistung bestimmt wird, ist im Patent nicht näher spezifiziert – der Einsatz einer Drehmomentenmesswelle wäre jedoch mit einem relativ großen Einbau- und Kostenaufwand verbunden. Darüber hinaus müsste die Steilheit des Zusammenhangs (und somit die eindeutige Messbarkeit) für verschiedene Kennlinientypen noch überprüft werden.

Motiviert durch die theoretische Betrachtung der Druckverhältnisse in einer Kreiselpumpe sowie der patentierten Ansätze der kennfeldbasierten Volumenstrombestimmung wird im folgenden Abschnitt die Möglichkeit einer integrierten Durchflussbestimmung über die Auswertung statischer Drücke an verschiedenen Messpositionen systematisch untersucht.

3.3. Experimentelle Untersuchungen zur integrierten Volumenstrombestimmung

Im folgenden Abschnitt werden die für die experimentellen Untersuchungen ausgewählten Messorte sowie die daraus gewonnenen Messergebnisse vorgestellt. Daraufhin folgt eine kritische Auseinandersetzung mit den Vor- und Nachteilen einer Volumenstromerfassung an den experimentell betrachteten Druckmesspositionen.

3.3.1. Lage der untersuchten Messstellen

Um unabhängig von prozessbedingten Systemdrücken zu sein, müssen Druckdifferenzen statt Absolutdrücke in der Pumpe betrachtet werden. Die Bestimmung des Durchflusses durch Messung statischer Druckdifferenzen am Pumpengehäuse erfordert zunächst die Aufstellung des Kalibrierungszusammenhangs $Q_{kal} = f(\Delta p_{kal})$ zwischen dem mittels eines Durchflussmessers erfassten Volumenstrom und der statischen Druckdifferenz. Im Betrieb kann dann aus der gemessenen Druckdifferenz der aktuelle Volumenstrom durch lineare Interpolation der diskreten Stützstellen des Kalibrierungszusammenhangs ermittelt werden.

Die statischen Druckmessstellen am Eintritt *Ein* und am Austritt *Aus* der Pumpe werden zur Bestimmung der Förderhöhe erfasst. Die Nutzung einer dieser Messstellen zur Bildung der charakteristischen Druckdifferenz hat den Vorteil, dass die Messstelle bereits zur Erfassung der Förderhöhe genutzt wird und somit lediglich ein zusätzlicher Messort (und somit nur ein zusätzlicher Sensor) zur Durchflussbestimmung benötigt wird. Die Druckmessung erfolgt laut der Abnahmenorm für Kreiselpumpen ISO 9906 [ISO99] am Eintritt $2D_s$ vor dem Saugmund. Am Austritt erfolgt die Druckmessung $2D_d$ hinter dem Druckstutzen. Wird der Eintrittsdruck an vier Umfangsmesspositionen erfasst und gemittelt, so entspricht dies der höchsten Genauigkeitsklasse. Die Erfassung nur eines einzelnen Drucks über den Umfang ist am Pumpeneintritt zulässig, jedoch ungenauer (Genauigkeitsklasse 2). Im Sinne einer geringen Sensoranzahl und eines niedrigen Anschaffungspreises ist es allerdings sinnvoll, lediglich einen Drucksensor am Pumpenumfang zu integrieren.

Die Messstelle *RSR* beschreibt den statischen Druck am Eintritt in den Radseitenraum. Die Messposition liegt auf einem relativen Durchmesser von $r/r_2 = 125/130$. r_2 bezeichnet hierbei den Radius am Laufradaustritt. Auf diesem Radius besteht wiederum die Möglichkeit, den Druck an vier Umfangsmesspositionen (oben/unten/vorne/hinten) einzeln- oder umfangsgemittelt zu erfassen. Aufgrund der in Kapitel 3.1 beschriebenen asymmetrischen Druckverhältnisse im Spiralgehäuse bei Volumenströmen, die vom Bestpunkt abweichen, sind die Drücke an den vier genannten Umfangsmesspositionen (im Gegensatz zur Messposition *Ein*) deshalb meist unterschiedlich und müssen alle zur Beurteilung erfasst werden.

Zwei weitere Druckmessstellen befinden sich am Spiralumfang auf einem relativen Radius von $r/r_2 = 133/130$, in einem Winkel von 30° vor dem Sporn (Messstelle *Leit1*) und von 30° nach dem Sporn (Messstelle *Leit2*).

Eine Seite des Spiralgehäuses ist dem Pumpeneintritt zugewandt, die andere Seite des Spiralgehäuses zeigt in Richtung der Antriebswelle. Das vordere Spiralgehäuse umschließt den durchströmten Radseitenraum, die hintere Seite der Spirale bildet die Gehäusekontur des undurchströmten Radseitenraums. An den Messstellen *Leit1*, *Leit2* und *RSR* kann die Messung des statischen Drucks wahlweise auf der durchströmten als auch auf der undurchströmten Seite erfolgen. In Abschnitt 3.3.2 werden beide Möglichkeiten untersucht und bewertet.

Schließlich sind zwei weitere Druckmessstellen am Sporn der Spirale angeordnet. An der Spornmessstelle *SpornLa* wird der statische Druck laufradseitig erfasst, an der Messstelle *SpornDr* wird der Druck druckstutzenseitig gemessen. *SpornLa* liegt innerhalb eines vom Laufradmittelpunkt ausgehenden und am Spornanfang beginnenden Winkels von ca. 50°. Der Winkel zwischen den Wirkrichtungen der Messstellen *SpornLa* und *SpornDr* beträgt ca. 180°.

In Abbildung 3-5 ist ist die Lage der experimentell untersuchten Messstellen dargestellt und die Nomenklatur der gebildeten Druckdifferenzen aufgeführt.

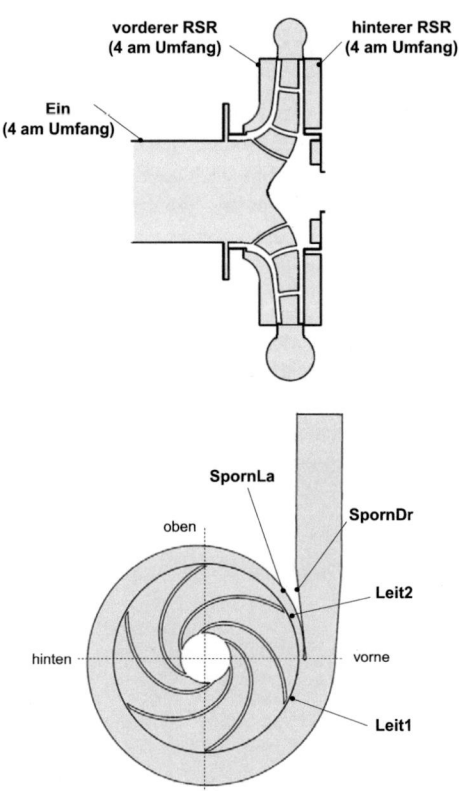

RSR_Ein	Differenz zwischen den Druckmesswerten an RSR und Ein
Leit1_Ein	Differenz zwischen den Druckmesswerten an Leit1 und Ein
SpornDr_Ein	Differenz zwischen den Druckmesswerten an SpornDr und Ein
SpornDr_SpornLa	Differenz zwischen den Druckmesswerten an SpornDr und SpornLa
Leit1_Leit2	Differenz zwischen den Druckmesswerten an Leit1 und Leit2

Abbildung 3-5: Lage und Bezeichnung der untersuchten Druckmesspositionen

3.3.2. Messergebnisse zur kennfeldbasierten Volumenstrombestimmung

Zur Bestimmung des Volumenstroms aus statischen Drücken werden zwei Messstellen gesucht, *deren Druckdifferenz möglichst stark vom Volumenstrom abhängt*. Das kann entweder der Fall sein, weil der Druck an der ersten Messstelle annähernd konstant über den Volumenstrom ist und die zweite Messstelle eine hohe Abhängigkeit zum Volumenstrom aufweist oder aber weil die Abhängigkeiten zum Durchfluss an beiden Druckmessstellen gegenläufig sind und sie sich somit in der Bildung der Druckdifferenz noch verstärken. Eine weitere Grundvoraussetzung dieser Methode ist die Möglichkeit einer *eindeutigen Zuordnung* jedes Differenzdrucks zu einem Volumenstromwert. Mathematisch ausgedrückt bedeuten diese beiden Anforderungen einen streng monotonen Kurvenverlauf des Zusammenhangs $Q_{kal} = f(\Delta p_{kal})$ bei einer niedrigen Steigung (bzw. streng monotoner Kurvenverlauf für $\Delta p = f(Q)$ bei großer Steigung).

Die Messungen im Radseitenraum und am Leitring können (wie in Abschnitt 3.3.1 beschrieben) sowohl auf der vorderen, durchströmten als auch auf der hinteren, undurchströmten Spiralgehäuseseite durchgeführt werden. Durch den Einsatz verschiedener Spaltringe (siehe Kapitel 2.1) kann der Verschleiß des Dichtspalts, der im Laufe des Pumpenlebens unvermeidlich einsetzt, simuliert und somit die Auswirkung des Verschleißes auf die gemessenen Druckdifferenzen bestimmt werden.

In Abbildungen 3-6 und 3-7 ist der gemessene Differenzdruckverlauf RSR_Ein für verschiedene Spaltweiten aufgezeichnet. Die statischen Drücke sind dabei über die Messpositionen „unten", „oben", „vorne" und „hinten" umfangsgemittelt erfasst. Der Verlauf in Abbildung 3-6 stellt den im durchströmten Radseitenraum ermittelten Differenzdruck über den Volumenstrom dar, der Verlauf in Abbildung 3-7 ist der im undurchströmten Radseitenraum gemessene Druck (bei Variation der Spaltweiten auf der Saugseite).

In Übereinstimmung mit den Ergebnissen von [Tam02] und [Mün99] ist der undurchströmte Radseitenraum weitestgehend unbeeinflusst von dem saugseitigen Spaltzustand. Auf der durchströmten Radseitenraumseite ist allerdings aufgrund des mit der Spaltweite steigenden Spaltvolumenstroms der statische Druck am Radseitenraumeintritt umso niedriger, je weiter der Spalt ist. Bei gleichem Druck am Pumpeneintritt bedeutet das, dass die Druckdifferenz RSR_Ein bei zunehmender Spaltweite abnimmt. Um unabhängig vom Verschleißzustand des Dichtspalts eine möglichst genaue Bestimmung des Volumenstroms zu gewährleisten, ist es daher sinnvoll, alle Radseitenraummessungen auf der hinteren, undurchströmten Radseitenraumseite durchzuführen.

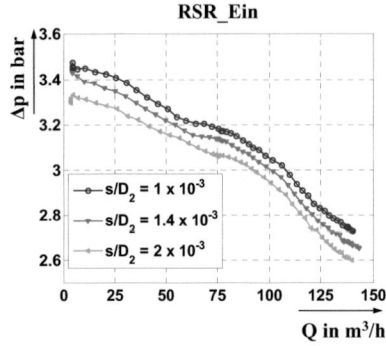

Abbildung 3-6: Saugseitig gemessene Druckdifferenz zwischen den Messstellen RSR und Ein über dem Volumenstrom für verschiedene Spaltweiten

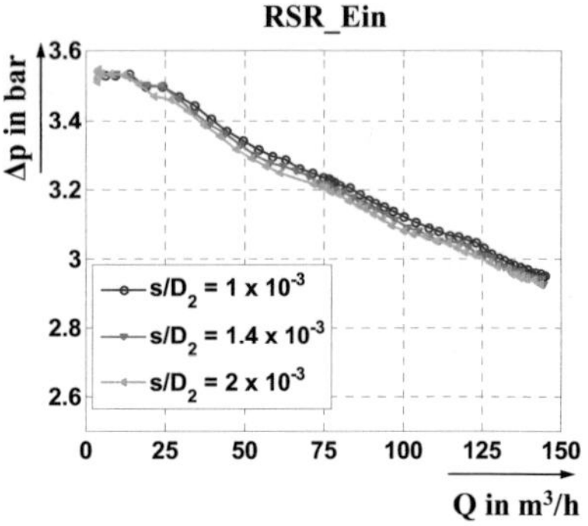

Abbildung 3-7: Druckseitig gemessene Druckdifferenz zwischen den Messstellen RSR und Ein über dem Volumenstrom für verschiedene Spaltweiten

Des Weiteren wurden die Druckdifferenzen RSR_Ein für die vier Umfangsmesspositionen „unten", "oben", „vorne" und „hinten" *einzeln* gemessen und ausgewertet. Das Ergebnis ist in Abbildung 3-8 dargestellt. Es ist zu sehen, dass bei jedem Volumenstrom die Druckwerte über den Umfang streuen, wobei im Bereich des Optimums (Q_{opt} = 92,3 m³/h) sich die Drücke erwartungsgemäß annähern (aufgrund der homogenen Druckverteilung im Auslegepunkt der Spirale). Obgleich der Absolutwert des Differenzdrucks an den vier Umfangspositionen bei jedem Betriebspunkt unterschiedlich ist, so ist die Abhängigkeit des Druckes vom Volumenstrom für alle Messorte nahezu identisch. Die Messposition „vorne" weist gegenüber den anderen Umfangsmesspositionen eine etwas größere Steigung in der Δp = f(Q) Kennlinie auf und besitzt somit einen etwas günstigeren Verlauf für eine Kalibrierungskennlinie Q_{kal} = f(Δp_{kal}). Die Bedeutung der Steigung für den Kalibrierungszusammenhang ist in Abbildung 3-13 schematisch dargestellt.

Die Erklärung für den etwas steileren Verlauf an der vorderen Messposition ergibt sich durch die am Umfang vorliegende Abhängigkeit der Druckdifferenz vom Volumenstrom: Bei sehr geringer Teillast herrscht an der Umfangsmessposition „vorne" der höchste Druck, so dass die Druckdifferenz RSR_Ein am größten ist (siehe z. B. Q = 10 m³/h). Der Druck nimmt in diesem Betriebspunkt über den Umfang von „vorne" gegen den Uhrzeigersinn zur Messposition „oben" hin ab. An der Position „hinten" ist das Druckminimum am Radseitenraumumfang, die Druckdifferenz nimmt an der Position „unten" wieder gegen den Uhrzeigersinn nach „vorne" hin zu. In starker Überlast (siehe z. B. Q = 140 m³/h) ist der Druck an der Messposition „vorne" wiederum niedrig. Der Druck nimmt in diesem Betriebspunkt im Uhrzeigersinn von „oben" über „vorne" und „unten" nach „hinten" hin zu. Bedingt durch die asymmetrischen Druckverhältnisse in der Spirale abseits vom Optimum erfährt die Messstelle „vorne" im Vergleich zu den anderen Messstellen somit die größte Druckänderung über den Volumenstrom und weist somit die höchste Steigung auf.

Integrierte Volumenstrombestimmung

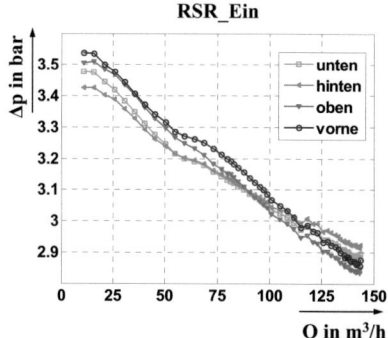

Abbildung 3-8: Druckdifferenz zwischen den Messstellen RSR und Ein über den Volumenstrom für verschiedene Umfangsmesspositionen (bei einer relativen Spaltweite von $s/D_2 = 1,4 \times 10^{-3}$)

Jede Umfangsmessposition des *Radseitenraumeintritts* eignet sich demnach in ähnlicher Weise zur Volumenstrombestimmung. Aufgrund der etwas höheren Steigung des Kalibrierungszusammenhangs wurden die weiteren Radseitenraumuntersuchungen an der Messposition „vorne" durchgeführt.

Die Druckmessung am Umfang der Leiteinrichtung (Leit1 und Leit2) kann ebenfalls auf der vorderen, durchströmten Spiralseite oder auf der hinteren, undurchströmten Spiralseite erfolgen. Die in Abbildung 3-9 und Abbildung 3-10 dargestellten, saugseitig gemessenen Druckdifferenzen zeigen für verschiedene Spaltweiten, dass sowohl die Druckdifferenz zwischen den Umfangsmesspositionen vor und nach dem Sporn (Leit1_Leit2) als auch die Druckdifferenz zum Eintritt (Leit1_Ein) vom Spaltzustand weitestgehend unabhängig sind. Aufgrund des größeren Differenzdruckbereiches wirkt sich der Spaltmaßeinfluss weniger im Gesamtverlauf aus. Um eine höhere Unabhängigkeit der Volumenstrombestimmung vom Spaltmaß zu gewährleisten und somit eine höhere Genauigkeit im Ergebnis zu erzielen, wurde für die weiteren Untersuchungen die hintere (druckseitige) Gehäusehälfte verwendet.

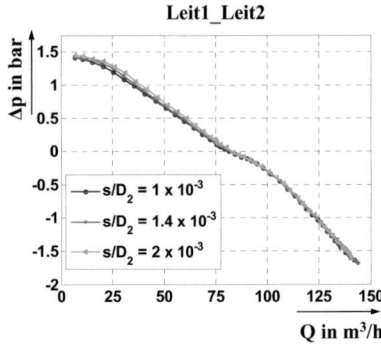

Abbildung 3-9: Saugseitig gemessene Druckdifferenz zwischen den Messstellen Leit1 und Leit2 über den Volumenstrom für verschiedene Spaltweiten

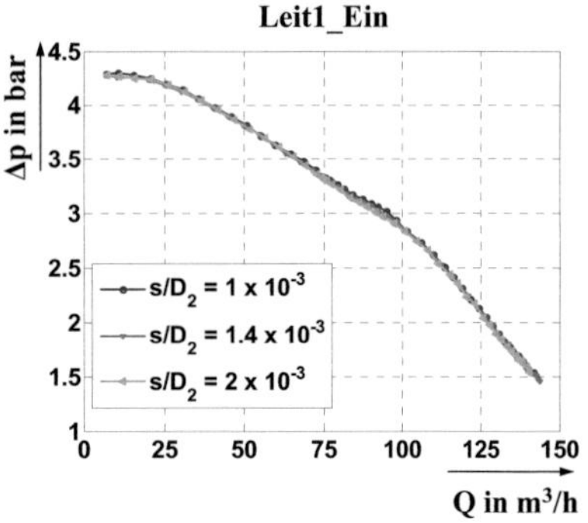

Abbildung 3-10: Saugseitig gemessene Druckdifferenz zwischen den Messstellen Leit1 und Ein über den Volumenstrom für verschiedene Spaltweiten

Gemessene Absolutdrücke in der Pumpe

Der Verlauf der an den verschiedenen Messpositionen erfassten Absolutdrücke über dem Volumenstrom bei einem konstanten Systemdruck von ca. 4 bar für die Drehzahl $n = 2000$ min^{-1} ist in Abbildung 3-11 dargestellt.

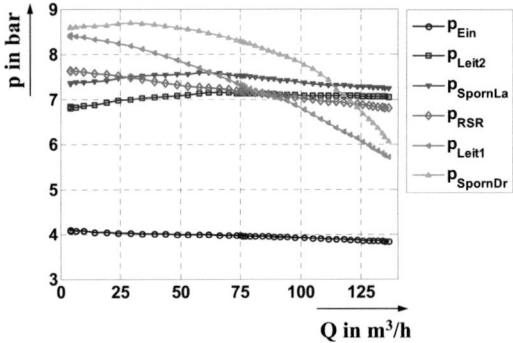

Abbildung 3-11: Statischer Absolutdruck über den Volumenstrom an verschiedenen Messpositionen für $n = 2000$ min^{-1}

Der Eintrittsdruck p_{Ein} hat einen leicht fallenden Verlauf über den Volumenstrom. Bei steigenden Durchflussgeschwindigkeiten nehmen die Druckverluste zu und der gemessene statische Druckanteil am Pumpeneintritt nimmt entsprechend ab.

Der Druck auf der dem Druckstutzen zugewandten Spornseite $p_{SpornDr}$ hat den klassischen Verlauf einer Förderhöhenkennlinie für radiale Kreiselpumpen. Da die Messstelle relativ weit oben am Sporn angebracht ist, wirken sich nahezu alle in Abschnitt 3.1 vorgestellten Verlustanteile, die bis zu dieser Messstellen auftreten, in der Druckmessung aus.

An der Messstelle p_{Leit1} am Spiralumfang folgt der Druckverlauf über den Volumenstrom qualitativ bewertet einer fallenden Geraden. Der Druck p_{Leit1} am Spiralumfang ist betragsmäßig niedriger als der Druck $p_{SpornDr}$, da das Fluid im Diffusor durch Verzögerung der Absolutgeschwindigkeit noch eine Druckerhöhung erfährt. In den Extremfällen sehr geringer Teil- oder starker Überlast nähern sich die Druckverläufe $p_{SpornDr}$ und p_{Leit1} an. Die Ursache dafür liegt in den Druckverlusten begründet, die in dem Abschnitt vom Laufradaustritt zur Spornmessstelle auftreten (wie in 3.1 beschrieben, handelt es sich hier um hohe Stoßverluste am Sporn sowie um Reibungsverluste). Diese Druckverluste wirken dem Effekt der Druckerhöhung entgegen, so dass der Druck $p_{SpornDr}$ dann nur noch geringfügig über den Druck p_{Leit1} liegt.

Der Druck p_{Leit2} am Spiralumfang nimmt über dem Volumenstrom zu, da der Abströmwinkel aus dem Laufrad bei steigenden Volumenströmen größer wird – die Stauwirkung und der Druck an der Stelle p_{Leit2} sind demnach umso höher, je größer der Volumenstrom ist. Bei einem Volumenstrom von $Q = 85,4$ m³/h sind die Drücke an *Leit1* und *Leit2* gleich, da die Druckverteilung im Auslegepunkt der Spirale über den Spiralumfang homogen ist. Die Spirale wurde laut [Gug04] und [Tam02] auf einen Betriebspunkt von $Q/Q_{opt} = 0,9$ ausgelegt. Dies entspricht auch dem Auslegepunkt des Laufrades (siehe Kapitel 2.1).

Der statische Druck an der Radseitenraummessstelle p_{RSR} zeigt über den gesamten Betriebsbereich einen geraden Verlauf mit fallender Tendenz. Der Schnittpunkt zu den Verläufen an p_{Leit1} und p_{Leit2} zeigt wieder die Homogenität der Druckverteilung im Bereich des Auslegepunkts.

An der laufradseitigen Druckmessstelle der Spirale $p_{SpornLa}$ verhält sich der statische Druck in ähnlicher Weise wie p_{Leit2}. Zwischen der Messstelle p_{Leit2} am Laufradaustritt und der Messstelle $p_{SpornLa}$ an der Außenkontur der Spirale erfährt das Fluid eine weitere Verzögerung. Dementsprechend steigt der statische Druck über den Spiralquerschnitt auch in radialer Richtung nach außen hin an.

Kennlinien des Volumenstroms in Abhängigkeit der Druckdifferenz

Um den funktionalen Zusammenhang zwischen dem Volumenstrom und den Druckdifferenzen (gebildet aus den oben dargestellten Drücken) zu untersuchen, sind in Abbildung 3-12 verschiedene Verläufe $Q_{kal} = f(\Delta p_{kal})$ dargestellt.

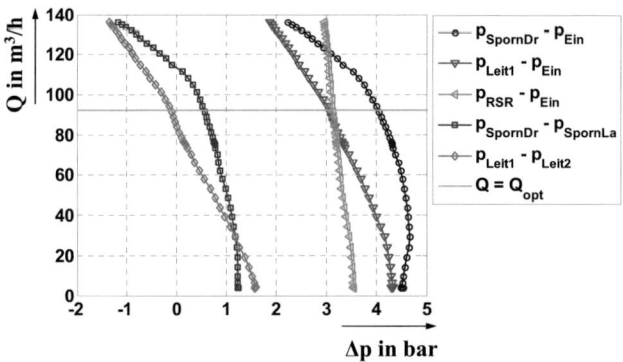

Abbildung 3-12: Kalibrierungskennlinie des Volumenstroms über der statischen Druckdifferenz an verschiedenen Messpositionen für n = 2000 min^{-1}

Die Druckdifferenzen $p_{SpornDr} - p_{ein}$, $p_{Leit1} - p_{ein}$ und $p_{SpornDr} - p_{SpornLa}$ verlaufen nicht streng monoton über dem Volumenstrom und besitzen dementsprechend Abschnitte, in denen die gleiche Druckdifferenz mehreren Volumenströmen zugeordnet werden kann. Der Bereich, in dem die Mehrdeutigkeit zu Stande kommt, befindet sich aufgrund der bereits erwähnten hohen Stoß- und Austauschverluste in starker Teillast ($q \leq 0{,}5$).

Der hier eingeführte relative Volumenstrom q beschreibt den Betriebszustand einer Pumpe relativ zu ihrem Bestpunkt:

$$q = \frac{Q}{Q_{opt}} \qquad (3\text{-}7)$$

Aufgrund der hohen Effizienzverluste und der starken Kavitationsneigung in den Teil- und Überlastzuständen werden in der weiteren Arbeit die Betrachtung des Kennlinienbereiches auf $0{,}5 \leq q \leq 1{,}5$ beschränkt und abweichende Betriebszustände als eine unzulässige Betriebsweise gewertet.

Neben einem streng monotonen Kurvenverlauf ist entsprechend Abbildung 3-13 eine niedrige Steigung des Zusammenhangs $Q_{kal} = f(\Delta p_{kal})$ wünschenswert, da sich Schwankungen in der Differenzdruckmessung in diesem Fall in einem kleineren Fehler bei der Volumenstrominterpolation auswirken. Außerdem wirken sich Messungenauigkeiten bei der Messung der Druckdifferenz umso weniger auf die Bestimmungsgenauigkeit des Volumenstromes aus, je geringer die Steigung der Kalibrierungskennlinie ist.

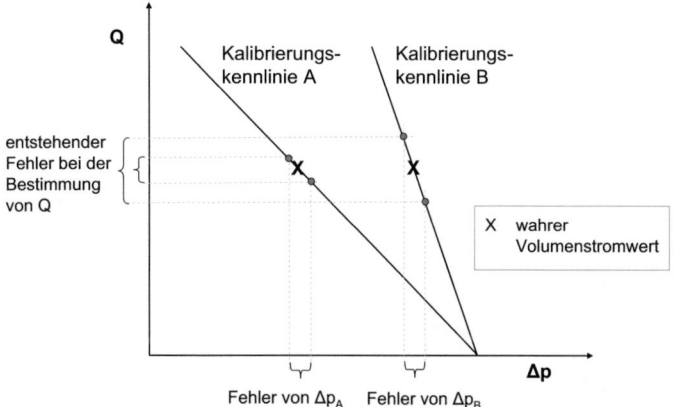

Abbildung 3-13: Schematische Darstellung der Auswirkung eines Fehler bei der Messung der statischen Druckdifferenz auf die Interpolation des Volumenstroms

Eine erste qualitative Bewertung der in Abbildung 3-12 dargestellten Verläufe lässt erwarten, dass alle Messpositionen sich im zulässigen Betriebsbereich grundsätzlich zur Volumenstrombestimmung eignen, wobei die Messposition RSR_Ein durch ihre große Steigung im $Q_{kal} = f(\Delta p_{kal})$ Verlauf eine geringere Genauigkeit bei der Volumenstrombestimmung erwarten lässt.

Die Eignung der Messstellen für eine Volumenstrombestimmung durch Kennfeldinterpolation wird im folgenden Teil dieses Kapitels quantifiziert, indem die erzielbaren Genauigkeiten bestimmt werden.

3.4. Genauigkeitsbetrachtung

3.4.1. Einflussgrößen auf die Genauigkeit der Volumenstrombestimmung

<u>Angaben zur Beschreibung der Genauigkeit eines Sensors</u>

Um die Genauigkeit des in dieser Arbeit untersuchten, aus Druckmessgrößen abgeleiteten (somit quasi „virtuellen") „Integrierten Volumenstromsensors" zu beschreiben, werden die im Allgemeinen gebräuchlichen Genauigkeitsangaben von Sensoren herangezogen. Die „Genauigkeit" eines Sensors ist normativ nicht definiert. Es gibt verschiedene genauigkeitsrelevante Angaben, die von Sensorherstellern in Datenblättern angegeben werden, um die Genauigkeit des Sensors zu beschreiben. So werden (z. B. bei Drucksensoren) oftmals die Linearitätsabweichung, der Hysteresefehler, der Temperaturfehler, die Stabilität oder die Messabweichung über den Betriebsbereich angegeben [Bey08]. Da ein möglichst linearer Zusammenhang als Verlauf der Kalibrierungskennlinie wünschenswert ist, ist es naheliegend, die Linearitätsabweichung als mögliche Kenngröße zur Beschreibung der Sensorgenauigkeit des „Integrierten Volumenstromsensors" zu betrachten.

Die *Linearitätsabweichung* beschreibt die größtmögliche Abweichung von einer Referenzgeraden. Besitzt der Referenzverlauf einen „Kennlinienbauch", so kann dieser mittels Kennlinienkorrekturverfahren rechnerisch berücksichtigt und somit linearisiert werden [Pro09].

Die Herstellerangabe über die Nichtlinearität ist für sich genommen allerdings wenig aussagekräftig, da das Ergebnis der Linearitätsangabe stark davon abhängt, nach welcher Methode die Nichtlinearität ermittelt wurde [Bey08]. Es existieren drei Verfahren, um die Nichtlinearität eines Sensors zu quantifizieren: die Grenzpunkteinstellung, die Kleinstwerteinstellung und die Anfangswerteinstellung.

Bei der Grenzpunkteinstellung geht die Referenzgerade durch den Anfangs- und den Endwert der Kennlinie. Dieses Verfahren ist für den Anwender leichter nachvollziehbar als das Verfahren der Kleinstwerteinstellung, bei dem die Referenzgerade so gelegt wird, dass die maximale positive und negative Abweichung gleich groß ist. Die Linearitätsangabe, die durch eine Kleinstwerteinstellung ermittelt wurde, ist somit in vielen Fällen aussagekräftiger als die Linearität, die durch Grenzpunkteinstellung festgestellt wurde. Das dritte Verfahren, die Anfangswerteinstellung, ist eher selten anzutreffen.

Die Unterschiede zwischen den Linearitäten der vorgestellten Methoden sind abhängig von den jeweiligen Sensor- und somit Kennlinieneigenschaften – sie können bis zu einem Faktor zwei betragen.

Die *Messabweichung* zur idealen Kennlinie gibt die transparenteste Auskunft über die Genauigkeit eines Sensors. Sie beinhaltet die Nichtlinearität, die Hysterese, Nichtwiederholbarkeit und Messabweichung am Messbereichsanfang und -ende. In der Regel gibt der Hersteller die Linearität an und separat dazu die Messabweichung am Messbereichsanfang (Nullpunktfehler) oder die Differenz der Messabweichungen am Messbereichsanfang und -ende (Spannefehler). Grundsätzlich wird zur Beschreibung der Genauigkeit von Herstellerseite aus die Linearität gegenüber der Messabweichung als Angabe bevorzugt, da sie einen kleineren Wert hat [Bey08].

Zur Beschreibung der Genauigkeit des „Integrierten Volumenstromsensors" werden an verschiedenen Betriebspunkten die relativen Messabweichungen zum jeweils wahren Volumenstromwert bestimmt, welche dann über den gesamten Betriebsbereich arithmetisch gemittelt werden. Die verschiedenen für eine integrierte Durchflusserfassung untersuchten Messstellen werden demnach über eine (mittlere) relative Abweichung vom wahren Volumenstromwert miteinander verglichen.

Einflussfaktoren auf die Genauigkeit der integrierten Durchflussmessung

Die Genauigkeit der integrierten Volumenstrombestimmung über Druckdifferenzmessung hängt unter anderem von folgenden Einflussfaktoren ab:

- dem Verlauf des Kalibrierungszusammenhangs $Q_{kal} = f(\Delta p_{kal})$
- der Auflösung des aufgezeichneten Kalibrierungszusammenhangs
- den verwendeten Messgeräten bei der Kalibrierung
- den im Anlagenbetrieb eingesetzten Drucksensoren
- dem Prüfstandsaufbau bei der Kalibrierung
- dem Aufbau der Anlage, in dem die Pumpe eingesetzt wird
- den Fluideigenschaften
- der Drehzahl der Pumpe bei der Kalibrierung und im drehzahlvariablen Betrieb

Die *höchste Genauigkeit* des Verfahrens ist dann gegeben, wenn der Volumenstrom im Betrieb unter identischen Bedingungen (identische Pumpe, gleicher Prüfstand, gleiches Fluid bei gleicher Temperatur, gleiche Drehzahl) wie bei der Aufstellung der Kalibrierungskennlinie bestimmt wird. Besteht die Kalibrierungskennlinie aus unendlich vielen Stützstellen, dann liegt die Genauigkeit der Volumenstrominterpolation in der Größenordnung der Wiederholgenauigkeit der Messung. Aufgrund der endlichen Anzahl von Messpunkten ist die Kalibrierungskennlinie jedoch „lückenhaft".

Eine stetige Kalibrierungskennlinie aus einer endlichen Anzahl an Messwerten kann auf unterschiedliche Weise erhalten werden: Eine Möglichkeit besteht darin, die Messung der gesamten Kennlinie N Mal zu wiederholen und die Messwerte durch eine Ausgleichskurve zu approximieren. Eine andere Möglichkeit besteht darin, diskrete Messpunkte der Kennlinie N Mal zu messen, zu mitteln und miteinander zu verbinden.

Da die Güte des Interpolationsergebnisses stark von der Wahl der Ausgleichsfunktion abhängt und da eine bessere Vergleichbarkeit der betrachteten Messstellen erzielt werden sollte, wurde die zweite Methodik bei der Erstellung des Kalibrierungszusammenhangs angewandt. Dabei besteht jede Kalibrierungskennlinie im betrachteten Durchflussbereich aus 50 Stützstellen, wobei jeder dieser Punkte wiederum aus 3 Messwerten gemittelt wurde. Die gemittelten Stützstellen wurden zu einer Kalibrierungskennlinie linear miteinander verbunden.

Es gehen folglich folgende Fehlerarten bei Anwendung dieser Methodik zur Volumenstrombestimmung ein:

- Ein *Messfehler* entsteht sowohl bei der Erfassung der Kalibrierungskennlinie (Fehler f_{kal}), wie auch bei der Ermittlung der Druckdifferenz im laufenden Betrieb (Fehler f_{betr}).

- Ein weiterer Fehleranteil f_{appr} entsteht dadurch, dass die Kalibrierungskennlinie unter bestimmten Randbedingungen ermittelt wurde (definierte Stützstellenanzahl, angewandtes Interpolationsverfahren, eingesetzte Versuchsflüssigkeit, eingestellte Versuchsdrehzahl,...). Mit zunehmender Abweichung zu diesen Versuchsbedingungen nimmt der in dieser Arbeit als *Approximationsfehler* bezeichnete Fehleranteil zu.

Die folgenden theoretischen Genauigkeitsbetrachtungen sind keineswegs als statistisch gesicherte Fehlerangaben zu betrachten, sondern sollen vielmehr dazu dienen, den Vergleich zwischen den untersuchten Messstellen zu veranschaulichen und die Unterschiede der Messstellen zueinander zumindest in der Größenordnung zu quantifizieren.

Durch die Fehlerfortpflanzung kann der Gesamtfehler der Volumenstrombestimmung, der bei einer kennfeldbasierten Differenzdruckmessung entsteht, nach Gleichung 3-8 abgeschätzt werden.

$$f_{ges,Q} = \sqrt{f_{kal,Q}^{2} + f_{betr,Q}^{2} + f_{appr,Q}^{2}} \qquad (3\text{-}8)$$

<u>Messfehler des Volumenstroms im Kalibrierungszusammenhang</u>

Der bei der Kalibrierung entstehende Messfehler $f_{kal,Q}$ entsteht einerseits bei der Messung der Druckdifferenzen der Abszisse, andererseits bei der Erfassung des Volumenstroms der Ordinate. Jeder Messfehler setzt sich aus einem Messgerätefehler und aus einem stochastischen Fehler zusammen. Um einen geringen Messfehler bei der Kalibrierungsmessung zu erhalten, sollten daher einerseits genaue Messgeräte eingesetzt werden und andererseits für jeden Messpunkt eine hohe Anzahl von Einzelmessungen durchgeführt werden.

Der Volumenstrom und der Druck sind mit den Messfehlern $\sigma_{kal,Q}$ und $\sigma_{kal,\Delta p}$ nach den Gleichungen 3-9 und 3-10 behaftet.

$$\sigma_{kal,Q} = \sqrt{\sigma_{kal,Q,meas}^{2} + \sigma_{kal,Q,random}^{2}} \qquad (3\text{-}9)$$

$$\sigma_{kal,\Delta p} = \sqrt{\sigma_{kal,\Delta p,meas}^{2} + \sigma_{kal,\Delta p,random}^{2}} \qquad (3\text{-}10)$$

$\sigma_{kal,Q,meas}$ und $\sigma_{kal,\Delta p,meas}$ sind hierbei die Messgerätefehler, $\sigma_{kal,Q,random}$ und $\sigma_{kal,\Delta p,random}$ sind die stochastischen Fehler der Volumenstrom- und der Druckmessung.

Integrierte Volumenstrombestimmung

Durch den Fehler in der Druckmessung entsteht eine zusätzliche Ungenauigkeit f_{kal,Q^*} im Kalibrierungszusammenhang, da die Eindeutigkeit der Zuordnung bzw. die Genauigkeit des Zusammenhangs ebenfalls von dem Messfehler in der Druckmessung abhängt.

Die für jeden Messpunkt auftretenden Fehleranteile $\sigma_{kal,Q}$ und f_{kal,Q^*} werden über den gesamten Betriebsbereich (über N Stützstellen) gemittelt. Der mittlere relative Fehler $\bar{f}_{kal,Q}$, mit dem ein Volumenstrommesswert der Kalibrierungskennlinie behaftet ist, ergibt sich folglich nach Gleichung 3-11 zu

$$\bar{f}_{kal,Q} = \sqrt{\bar{\sigma}_{kal,Q}^2 + \bar{f}_{kal,Q^*}^2} \qquad (3\text{-}11)$$

Tabelle 3-1 führt den Vergleich der relativen Messfehler der Kalibrierungskennlinien der untersuchten Messpositionen auf.

Tabelle 3-1: Relative Messfehler des Volumenstroms bei der Kalibrierung für unterschiedliche Messpositionen

	SpornDr_Ein	SpornDr_SpornLa	RSR_Ein	Leit1_Ein	Leit1_Leit2
$\bar{f}_{kal,Q}$	± 1,8 %	± 1 %	± 5,8 %	± 1,5 %	± 0,7 %

Fazit: Der mittlere Fehler der Kalibrierungskennlinie liegt für die meisten Messpositionen im Bereich von ±1 bis ±2% vom wahren Volumenstromwert. Nur bei der Messstelle RSR_Ein ist der mittlere Fehler aufgrund der steilen Steigung der Kalibrierungskennlinie mit ±6% deutlich größer.

<u>Messfehler des Volumenstroms im Anlagenbetrieb</u>

Auch die Messung der Druckdifferenz im laufenden Betrieb ist nicht exakt, sondern mit einem Fehler $\sigma_{betr,\Delta p}$ behaftet (Gleichung 3-12). Dieser hängt wieder von der Messgerätegenauigkeit und von der Wiederholgenauigkeit der Druckmessungen im laufenden Betrieb ab. Da die Drucksensoren durch den Pumpenhersteller in die Pumpe integriert wurden, sind die Messgerätegenauigkeiten dem Hersteller bekannt. Den stochastischen Fehler der Messungen kann der Hersteller hingegen vorab nicht abschätzen, da er vom jeweiligen Prüfstandsaufbau, in dem die Pumpe verbaut ist, abhängt. Bezüglich des Messfehlers im Pumpeneinsatz können daher nur Vermutungen gemacht werden.

$$\sigma_{betr,\Delta p} = \sqrt{\sigma_{betr,meas}^2 + \sigma_{betr,random}^2} \qquad (3\text{-}12)$$

Die fehlerbehaftete Erfassung des Drucks $\sigma_{betr,\Delta p}$ führt wiederum zu dem Fehler $f_{betr,Q}$ bei der Interpolation des Volumenstroms, der sich je nach Verlauf des Kalibrierungszusammenhangs unterschiedlich stark auswirkt (siehe Abbildung 3-13). Durch Mittelung der

Fehler aller Stützstellen wird der mittlere Messfehler des Volumenstroms $\bar{f}_{betr,Q}$ über den gesamten Betriebsbereich bestimmt.

Bei einer hohen Anzahl von Messwiederholungen entspricht die stochastische Messungenauigkeit der zweifachen Standardabweichung des Mittelwerts (bei Annahme einer Normalverteilung der Messwerte). Da das hier vorgestellte Messverfahren jedoch in beliebigen Pumpsystemen Anwendung finden soll, für die u. U. keine entsprechend hohe Anzahl von Probemessungen vorliegt oder durchgeführt werden kann, wird in dieser Arbeit auf normative Toleranzgrenzwerte zurückgegriffen. Nach ISO 9906 für Abnahmeversuche der Klasse 1 an Kreiselpumpen [ISO99] gilt für die Förderhöhe ein Grenzwert von 3% des Messwerts für die statistische Ungenauigkeit durch Messwiederholungen.

Bei Verwendung dieses Grenzwertes für die maximal zulässige stochastische Ungenauigkeit aller Differenzdruckmessungen ändert sich die Genauigkeit der Volumenstrombestimmung entsprechend Tabelle 3-2.

Tabelle 3-2: Relative Messfehler der Volumenstrombestimmung im laufenden Betrieb für unterschiedliche Messpositionen

	SpornDr_Ein	SpornDr_SpornLa	RSR_Ein	Leit1_Ein	Leit1_Leit2
$\bar{f}_{betr,Q}$	± 1,7 %	± 0,9 %	± 5,7 %	± 1,4 %	± 0,5 %
$\bar{f}_{betr,Q}$ nach ISO 9906	± 7,3 %	± 2 %	± 23,6 %	± 5,9 %	± 1 %

Fazit: Da die Messungen zur Bestimmung der Kalibrierungskennlinie und die während des regulären Pumpenbetriebs in der vorliegenden Arbeit mit der gleichen Druckmesstechnik und am gleichen Prüfstand durchgeführt wurden, ist es nicht überraschend, dass die Genauigkeiten im regulären Betrieb den Genauigkeiten der Kalibrierung entsprechen. Diese Fehlerwerte liegen gegenüber Tabelle 3-1 noch geringfügig niedriger, da der Messgerätefehler des Magnetisch-induktiven Durchflussmessgeräts entfällt.

Bei der Übertragung dieser Ergebnisse auf beliebige Prüfstände vergrößern sich die entsprechenden Fehler. Zu ihrer Bestimmung wurde der normative Grenzwert der ISO 9906 [ISO99] herangezogen. Dieser wirkt sich allerdings sehr unterschiedlich auf die Genauigkeit der verschiedenen Messpositionen aus: Da die ISO 9906 einen konstanten relativen Grenzwert von 3% vom Messwert als maximale stochastische Schwankung vorgibt, ergibt sich für die Verläufe mit größeren Druckdifferenzwerten (Sporn_Ein; Leit1_Ein; RSR_Ein siehe auch Abbildung 3-12) ein größerer absoluter Schwankungsfehler als bei niedrigen Druckdifferenzen (SpornDr_SpornLa und Leit1_Leit2). Bei vergleichbarer Steigung führt dies zu deutlich größeren Fehlern des Volumenstroms bei den Kalibrierungsverläufen mit hohen Differenzdrücken.

Allerdings ist anzumerken, dass es sich bei dem Rückschluss aus einer zulässigen stochastischen Schwankung der Förderhöhe um 3% auf eine zulässige Schwankung *aller* Differenzdruckmessungen um 3% um eine nicht verifizierte Annahme handelt. Jedenfalls lassen die in Tabelle 3-2 dargestellten Messgenauigkeiten erwarten, dass die meisten Messstellen eine Bestimmung des Volumenstroms bei einem Fehler kleiner als ±10% (mit Ausnahme der Messstelle RSR_Ein) an einem beliebigen Prüfstand ermöglichen.

Der Approximationsfehler der Volumenstrombestimmung

Der Approximationsfehler $f_{appr,Q}$ entspricht dem Fehler, der dadurch gemacht wird, dass für die Erstellung des Kalibrierungszusammenhangs nicht unendlich viele Stützstellen aufgezeichnet wurden. Um den Approximationsfehler $f_{appr,Q}$ abzuschätzen, wurden N Wertepaare (Q_{mess}; Δp_{mess}) aufgezeichnet und aus der gemessenen Druckdifferenz Δp_{mess} und dem Kalibrierungszusammenhang $Q_{kal} = f(\Delta p_{kal})$ ein interpolierter Volumenstrom Q_{int} ermittelt. Die nach Gleichung 3-13 gebildete relative Abweichung stellt den mittleren prozentualen Fehler im Ergebnis dar, der entstehen würde, wenn sowohl die Kalibrierungskennlinie wie auch der Messwert im laufenden Betrieb exakt bestimmbar wären. Es stellt im Prinzip das mittlere Residuum zum glatten Kurvenverlauf dar. Bei unendlicher Stützstellenanzahl würde dieser Fehleranteil vollständig entfallen.

$$\bar{f}_{appr,Q} = \frac{1}{N} \sum_{i=1}^{i=N} \frac{(Q_{int,i} - Q_{mess,i})}{Q_{mess,i}} \qquad (3\text{-}13)$$

Eine dimensionslose Formulierung des Kalibrierungszusammenhangs lautet $q_{kal} = f(\psi_{kal})$. Dabei ist q_{kal} der relative Volumenstrom der Kalibrierung, gebildet nach Gleichung 3-7. ψ_{kal} bestimmt sich nach Gleichungen 3-14 aus der Differenz der statischen Drücke, die an zwei Messpositionen A und B bestimmt wurden, bezogen auf den mit der Umfangsgeschwindigkeit u_2 am Laufradaustritt gebildeten dynamischen Druck.

$$\psi_{kal} = \frac{p_B - p_A}{\frac{\rho}{2} u_2^2} \qquad (3\text{-}14)$$

Der dimensionslose Zusammenhang $q_{kal} = f(\psi_{kal})$ wurde bei einer konstanten Drehzahl von n = 2000 min^{-1} zur Bestimmung der Umfangsgeschwindigkeit u_2, für kaltes Wasser der kinematischen Viskosität $\nu = 10^{-6}$ m^2/s aufgezeichnet. Daraus folgt nach Gleichung 3-15 eine Umfangs-Reynoldszahl von $Re_u = 7{,}2 \cdot 10^6$ bei der Erstellung der Kalibrierungskennlinie.

$$Re_u = \frac{u_2 D_2}{\nu} \qquad (3\text{-}15)$$

Bei ausreichend hohen Reynoldszahlen (etwa ab $Re_u \geq 10^6$) kann davon ausgegangen werden, dass neben der strömungsmechanischen und geometrischen Ähnlichkeit auch eine dynamische Ähnlichkeit vorliegt und dass der dimensionslose Kalibrierungszusammenhang für alle Reynoldszahlen besteht [Sto01]. Bei stark von der Kalibrierungs-

Reynoldszahl abweichenden Reynoldszahlen ändert sich jedoch die Güte der Kalibrierung. Es stellt sich die Frage, inwieweit die für kaltes Wasser aufgezeichnete Kalibrierungskennlinie den Zusammenhang bei einer anderen Pumpengröße, einer anderen Fluiddichte, einer anderen Viskosität und/oder einer anderen Drehzahl richtig abbildet.

In dieser Arbeit wurde deshalb der *Einfluss der Reynoldszahl* auf die Qualität des Kalibrierungszusammenhangs mittels einer *Drehzahlvariation* der Versuchspumpe untersucht.

Abbildungen 3-14 bis 3-18 zeigen die dimensionslos aufgetragenen Verläufe des relativen Volumenstroms über der Differenzdruckziffer, die für verschiedene Reynoldszahlen in einem Bereich von $Re_u = 3{,}5 \cdot 10^6$ bis $Re_u = 7{,}2 \cdot 10^6$ aufgezeichnet wurden. Es wird festgestellt, dass die dimensionslose Kalibrierungskennlinie, die bei Nenndrehzahl aufgezeichnet wurde, den Zusammenhang bei niedrigeren Drehzahlen mit wachsendem Drehzahlunterschied zunehmend schlecht abbildet. Besonders deutlich ist dieser Effekt an den Messpositionen am Sporn und im Radseitenraum festzustellen. Im Radseitenraum fällt der Unterschied der Kennlinienverläufe der verschiedenen Drehzahlen aufgrund des kleineren Druckziffernbereiches besonders stark ins Gewicht. Am Sporn ist der Einfluss der Reynoldszahl vor allem im mittleren Betriebsbereich ($0{,}8 \leq q \leq 1{,}3$) sehr stark ausgeprägt. Dies könnte auf eine Transitionszone zurückzuführen sein, die sich bei zunehmendem Drehzahlunterschied verschiebt.

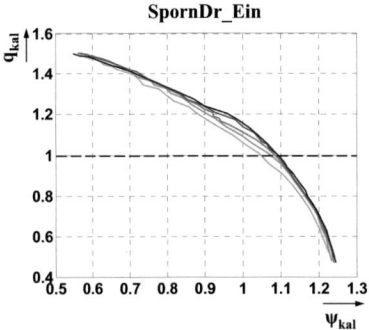 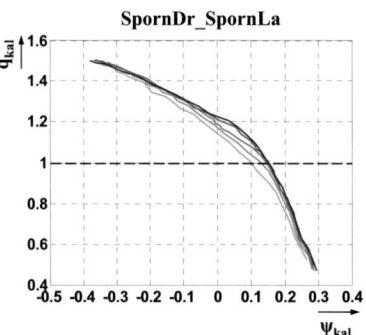

Abbildung 3-14: Kalibrierungskennlinien bei verschiedenen Drehzahlen für die Messstellen SpornDr_Ein

Abbildung 3-15: Kalibrierungskennlinien bei verschiedenen Drehzahlen für die Messstellen SpornDr_SpornLa

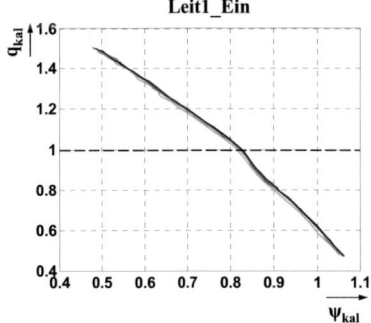 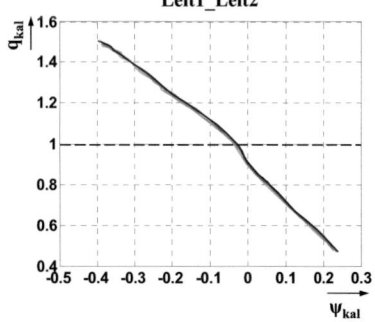

Abbildung 3-16: Kalibrierungskennlinien bei verschiedenen Drehzahlen für die Messstellen Leit1_Ein

Abbildung 3-17: Kalibrierungskennlinien bei verschiedenen Drehzahlen für die Messstellen Leit1_Leit2

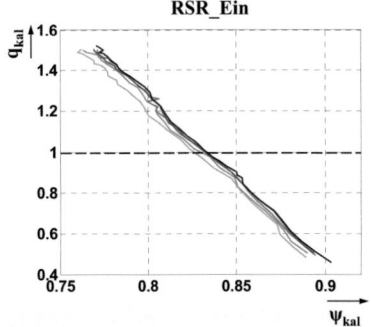

— $n = 1000\ \text{min}^{-1}$
— $n = 1250\ \text{min}^{-1}$
— $n = 1500\ \text{min}^{-1}$
— $n = 1750\ \text{min}^{-1}$
— $n = 2000\ \text{min}^{-1}$

Abbildung 3-18: Kalibrierungskennlinien bei verschiedenen Drehzahlen für die Messstellen RSR_Ein

Diese Streuung der Druckziffernverläufe wirkt sich demnach bei der Interpolation in einem größeren Approximationsfehler aus. In Tabelle 3-3 sind die mittleren Fehler der Approximation für verschiedene Drehzahlen bzw. Reynoldszahlen und Messpositionen aufgeführt.

Die vorgestellten Überlegungen gelten bisher lediglich für *eine* Versuchspumpe. Soll die integrierte Volumenstrombestimmung in einer *Pumpenserie* eingesetzt werden, so ergeben sich fertigungsbedingte Unterschiede in den Pumpengeometrien. Dies führt dazu, dass der Kalibrierungszusammenhang, der üblicherweise an einem einzelnen Prototyp aufgestellt werden wird, nur bedingt für die Pumpen aus der betrachteten Serie Gültigkeit haben wird. Der Fertigungstoleranzanteil f_{man} hängt u. a. von der ausgewählten Messstelle und dem eingesetzten Fertigungsverfahren ab.

Tabelle 3-3: Relative Fehler der Approximation für unterschiedliche Reynoldszahlen und Messpositionen

		SpornDr_Ein	SpornDr_SpornLa	RSR_Ein	Leit1_Ein	Leit1_Leit2
$\bar{f}_{appr,Q}$	$Re_u = 7{,}2 \cdot 10^6$	± 0,3 %	± 0,5 %	± 1,3 %	± 0,3 %	± 0,3 %
$\bar{f}_{appr,Q}$	$Re_u = 6{,}2 \cdot 10^6$	± 1,2 %	± 1,3 %	± 1,4 %	± 0,6 %	± 0,6 %
$\bar{f}_{appr,Q}$	$Re_u = 5{,}3 \cdot 10^6$	± 2,3 %	± 2,7 %	± 2,0 %	± 0,7 %	± 0,7 %
$\bar{f}_{appr,Q}$	$Re_u = 4{,}4 \cdot 10^6$	± 3,8 %	± 4,9 %	± 4,2 %	± 0,9 %	± 1,1 %
$\bar{f}_{appr,Q}$	$Re_u = 3{,}5 \cdot 10^6$	± 6,6 %	± 8,3 %	± 7,1 %	± 2,3 %	± 1,9 %
f_{man}		Keine Angaben				

Fazit: Bei *gleicher Reynoldszahl* während der Kalibrierung und im Betrieb beschränkt sich der Approximationsfehler auf die Ungenauigkeit, welche durch die lineare Interpolation des Volumenstroms aus der Kalibrierungskennlinie entsteht. Die Größenordnung dieses Fehlers liegt bei einem halben Prozent vom Messwert. Bei *abweichender Reynoldszahl* nimmt dieser Fehleranteil zu, da die Kennlinie die neuen Strömungsverhältnisse zunehmend schlecht abbildet. Es hat sich gezeigt, dass die Messstellen am Sporn und im Radseitenraum besonders stark auf Reynoldszahlunterschiede reagieren (der mittlere relative Fehler nimmt um ca. sechs Prozentpunkte zu).

Zusammenfassende Beurteilung

Tabelle 3-4 fasst die Ergebnisse aus den experimentellen Messungen und den Genauigkeitsbetrachtungen zusammen. Der mittlere relative Fehler, der bei einer Volumenstrominterpolation aus Druckdifferenzen entsteht, wird für verschiedene Messpositionen abgeschätzt. Der Vergleich der Messstellen ergibt, dass eine Volumenstrombestimmung am

Umfang der Leiteinrichtung an den Positionen *Leit1_Leit2* die höchste Genauigkeit verspricht. Die maximal erreichbare Genauigkeit bei Verwendung einer aus 50 Stützstellen bestehenden Kalibrierungskennlinie und linearer Interpolation liegt bei ca. ± 1 % Messabweichung vom wahren Volumenstromwert.

Wenn eine geringe Genauigkeitseinbuße in Kauf genommen wird (auf ca. ± 2 % Messabweichung vom wahren Volumenstromwert), kann durch Messung der Drücke an den Messstellen *Leit1_Ein* auf die Anbringung einer zusätzlichen Messposition verzichtet werden, da die Messposition Ein zur Bestimmung der Förderhöhe ohnehin benötigt wird.

Die Ergebnisse an *SpornDr_Ein* zeigen eine vergleichbare Genauigkeit, allerdings zeigten sich die Messungen am Sporn als sehr stark reynoldszahlabhängig. An den Messstellen *SpornDr_SpornLa* wird die Genauigkeit gegenüber den Ergebnissen bei Nenndrehzahl um sieben Prozentpunkte schlechter.

Tabelle 3-4: Mittlere relative Fehler der Volumenstrombestimmung für verschiedene Messpositionen

	SpornDr_Ein	SpornDr_SpornLa	RSR_Ein	Leit1_Ein	Leit1_Leit2
Maximale Abweichung	± 2,5 %	± 1,4 %	± 8,2 %	± 2,1 %	± 0,9 %
Abweichung bei Nenndrehzahl an einem Prüfstand nach ISO 9906	± 7,5 %	± 2,3 %	± 24,3 %	± 6,1 %	± 1,3 %
Abweichung in der Serie	Keine Angaben				
Abweichung im Bereich von $3,5 \cdot 10^6 \leq Re_u \leq 7,2 \cdot 10^6$	± 7 %	± 8,4 %	± 10,8 %	± 3,1 %	± 2,1 %

3.4.2. Korrektur des Reynoldseinflusses

Die vorgestellten Messergebnisse haben gezeigt, dass von einer exakten dynamischen Ähnlichkeit im betrachteten Betriebsbereich nicht ausgegangen werden kann (da sich die dimensionslose Druckziffer mit der Reynoldszahl ändert). Im folgenden Abschnitt wird nun untersucht, inwieweit es möglich ist, die Verletzung der Reynoldsgleichheit mithilfe einer Korrekturmaßnahme zu reduzieren.

Die Änderung der Drehzahl wirkt sich auf die mechanischen Verluste, die Radreibungsverluste, die Reibungsverluste an den strömungsführenden Bauteilen, die Spaltverluste und schließlich auch auf die Verwirbelungsverluste aus. Bei einer niedrigeren Drehzahl nehmen diese Verlustanteile zu.

Die Gesamtheit der genannten Verluste lässt sich wiederum in Verlustanteile, bei denen die Viskosität eine Rolle spielt und Verlustanteile, bei denen diese nicht relevant ist, klassifizieren [Sto01].

Der Verlustanteil, bei dem die Viskosität eine Rolle spielt, wird als „aufwertbarer Anteil" bezeichnet. Die bei niedrigerer Reynoldszahl ermittelte Größe kann auf den Wert bei höherer Reynoldszahl um diesen aufwertbaren Anteil näherungsweise umgerechnet werden. In der Regel handelt es sich bei der aufzuwertenden Größe um den Wirkungsgrad, der bei Modellversuchen aufgrund der Verletzung der Reynoldszahlgleichheit niedriger als bei der Originalausführung einer Strömungsmaschine ist. Da die mechanischen Verluste nicht unmittelbar mit der Reynoldszahl zusammenhängen, wird die Aufwertung für die inneren Verluste (bzw. in der Regel für den inneren Wirkungsgrad) vorgenommen [Gül99].

Zu den *aufwertbaren* Verlusten zählen die Spaltverluste, die Reibungsverluste (Wandreibung, Radseitenreibung) und zum Teil die hydraulischen Verluste (Sekundärströmung). *Nicht aufwertbare* Verlustanteile sind Fehlanströmungs-, Vermischungs- und Austauschverluste [Sto01].

Die vorgestellten Aufwerteansätze beruhen auf Arbeiten von ACKERET, PFLEIDERER und STOFFEL und werden in [Pel07] näher behandelt. In Anlehnung an die Verluste in geraden Rohren oder an ebenen Platten wird dabei als Ansatz ein proportionaler Zusammenhang zwischen den aufwertbaren Verlusten und $Re^{(-1/\alpha)}$ angesetzt. Das Verhältnis der Verluste bei hoher Reynoldszahl (im Zähler) zu den Verlusten bei niedriger Reynoldszahl (im Nenner) kann mit folgenden Ansätzen bestimmt werden.

PFLEIDERER

$$\frac{1-\eta}{1-\eta'} = \left(\frac{Re}{Re'}\right)^{-1/\alpha} \tag{3-16}$$

ACKERET

$$\frac{1-\eta}{1-\eta'} = V \cdot \left(\frac{Re}{Re'}\right)^{-1/\alpha} + (1-V) \tag{3-17}$$

Ein typischer Wert bei der Wirkungsgradaufwertung nach PFLEIDERER ist $\alpha = 5$. ACKERET unterscheidet zwischen aufwertbaren und nicht aufwertbaren Verlusten. V ist dabei der aufwertbare Verlustanteil und $(1 - V)$ der nicht aufwertbare Verlustanteil. Typische Werte bei der Wirkungsgradaufwertung nach ACKERET sind $\alpha = 5$ und $V = 0{,}5$.

STOFFEL

$$\frac{\eta(\infty,\varphi) - \eta}{\eta(\infty,\varphi) - \eta'} = \left(\frac{Re}{Re'}\right)^{-1/\alpha} \tag{3-18}$$

In diesem Ansatz korrigiert STOFFEL [Sto80] die unrealistische Annahme von PFLEIDERER, dass der theoretisch erreichbare Wirkungsgrad bei unendlich großer Reynoldszahl den Wert eins erreicht.

Da Wirkungsgradänderungen bzw. Verluständerungen von der Pumpengröße und der spezifischen Drehzahl abhängen, sind nach [Gül99] auch die Faktoren der Aufwertung keine Konstanten, sondern hängen ebenfalls von der Pumpengröße und der spezifischen

Drehzahl ab. Des Weiteren sollte im vollkommen rauen Bereich die Aufwertung über die relative Rauhigkeit erfolgen und nicht über die Reynoldszahl [Gül03].

Nach RÜTSCHI [Rüt58] muss bei der Umrechnung des Wirkungsgrades außerdem unterschieden werden, ob die Änderung der Reynoldszahl durch Veränderung eines Parameters an einer Maschine (z. B. durch eine Drehzahländerung) oder durch die Änderung der Maschine selbst (z. B. durch unterschiedliche Pumpengrößen) bedingt ist. Letztere erfordert eine stärkere Aufwertung des Wirkungsgrades. Die Weiterentwicklung der bestehenden Aufwerteansätze ist derzeit noch Gegenstand der Forschung [Hes09], [Gül03].

In Anlehnung an die vorgestellten Berechnungsmethoden wird im folgenden Abschnitt eine Methodik vorgestellt, mit der der Reynoldszahleinfluss für die vorliegende Anwendung auf einfache Weise korrigiert werden kann.

$$\frac{\psi(\infty,\varphi)-\psi}{\psi(\infty,\varphi)-\psi'} = \left(\frac{Re}{Re'}\right)^{-1/\alpha} \qquad (3\text{-}19)$$

Die theoretische Druckziffer $\psi(\infty,\varphi)$ entspricht dabei einem Kalibrierungsverlauf bei unendlich hoher Reynoldszahl. Es existieren allerdings keine analytischen Modelle, die eine gesicherte Abschätzung dieses Verlaufs für die hier betrachteten Messpositionen liefern. Es wird daher abgeschätzt, inwieweit mit der Annahme $\psi(\infty,\varphi) \approx \psi(\text{Re}_{u,\max},\varphi)$ eine Korrektur des Reynoldseinflusses durchgeführt werden kann.

Der Bezug für die weiteren Untersuchungen sind die maximalen Verluste $\psi_{v,\max}$ im betrachteten Reynoldszahlbereich von $3,5 \cdot 10^6 \leq \text{Re}_u \leq 7,2 \cdot 10^6$. Sie berechnen sich zu

$$\psi_{v,\max} = \psi_{\text{Re}u,\max} - \psi_{\text{Re}u,\min} \qquad (3\text{-}20)$$

Somit ergibt sich das Verhältnis zwischen den Verlusten bei kleinster Reynoldszahl $\psi_{v,\max}$ und dem Verlust $\psi_{v,x}$, der sich bei einer beliebigen Reynoldszahl im Bereich von $3,5 \cdot 10^6$ bis $7,2 \cdot 10^6$ ergibt, zu:

$$\frac{\psi_{v,x}}{\psi_{v,\max}} = \left(\frac{Re_{u,x}}{Re_{u,\min}}\right)^{-1/\alpha} \qquad (3\text{-}21)$$

mit $\quad \psi_{v,x} = \psi_{\text{Re}u,\max} - \psi_x$

Daraus folgt, dass sich der dimensionslose Verlauf der Kalibrierungskennlinie bei einer beliebigen Reynoldszahl im untersuchten Bereich aus dem dimensionslosen Kalibrierungszusammenhang bei maximal auftretender Reynoldszahl, korrigiert um die auftretenden Verluste nach Gleichung 3-22, berechnen lässt.

$$\psi_x = \psi_{Re_u,max} - \psi_{v,max} \cdot \left(\frac{Re_{u,x}}{Re_{u,min}}\right)^{-1/\alpha} \quad (3\text{-}22)$$

Die in Tabelle 3-5 aufgeführten Ergebnisse wurden mit einem Faktor von $\alpha = 0{,}25$ erzielt. Die guten Ergebnisse, die mit diesen Werten erzielt wurden, deuten darauf hin, dass ein Großteil der auftretenden Verluste aufgewertet werden kann bzw. dass es sich bei den Verlusten hauptsächlich um Reibungsverluste handelt. Die verbleibende Genauigkeitseinbuße nach Korrektur des Reynoldseinflusses an den Spornmesspositionen ist ein Hinweis darauf, dass es sich bei diesen Verlusten um nicht aufwertbare Fehlanströmungsverluste des Sporns handelt.

Tabelle 3-5: Mittlere relative Fehler der Volumenstrombestimmung mit und ohne Korrektur des Reynoldseinflusses für verschiedene Messpositionen

	SpornDr_Ein	SpornDr_SpornLa	RSR_Ein	Leit1_Ein	Leit1_Leit2
Genauigkeit bei Nenndrehzahl	± 2,5 %	± 1,4 %	± 8,2 %	± 2,1 %	± 0,9 %
Genauigkeit im Bereich von $3{,}5\cdot10^6 \leq Re_u \leq 7{,}2\cdot10^6$ ohne Korrektur	± 7 %	± 8,4 %	± 10,8 %	± 3,1 %	± 2,1 %
Genauigkeit im Bereich von $3{,}5\cdot10^6 \leq Re_u \leq 7{,}2\cdot10^6$ mit Korrektur	± 2,7 %	± 1,7 %	± 8,2 %	± 2,1 %	± 0,9 %

Fazit: Die Verletzung der Reynoldszahlgleichheit führt zu hohen Genauigkeitseinbußen bei der Bestimmung des Volumenstroms für andere Reynoldszahlen als die bei der Kalibrierung vorliegende. Durch eine Korrekturmethode, die auf der Aufwertemethode nach ACKERET basiert, kann der Einfluss der Reynoldszahl auf die Fehler bei der Bestimmung des Durchflusses reduziert werden. Die erhaltenen Genauigkeiten nach Verwendung der Korrektur bei unterschiedlichen Reynoldszahlen liegen in den Genauigkeitsbereichen, die bei gleichbleibender Reynoldszahl erreicht werden.

Die Korrektur wurde in dieser Arbeit für den Reynoldszahlbereich $3{,}5 \cdot 10^6 \leq \mathrm{Re}_u \leq 7{,}2 \cdot 10^6$ durch Veränderung der Drehzahl untersucht. Theoretisch gilt dieser Ansatz auch für Flüssigkeiten mit anderer Dichte oder Zähigkeit sowie auch für Pumpen anderer Baugröße. Für diese Fälle muss nach [Rüt58] allerdings ein neuer Koeffizient ermittelt werden. Es bleibt daher zu untersuchen, inwieweit der Koeffizient α auch bei Variation anderer Parameter als der Drehzahl im betrachteten Reynoldszahlbereich seinen Wert beibehält.

4. Überwachung der Kavitationsintensität

Das vorangegangene Kapitel beschäftigte sich mit der integrierten Volumenstrombestimmung. Diese Methode wurde betrachtet, um den aktuellen Betriebszustand einer Pumpe zu bestimmen. Kenntnis über den aktuellen Betriebszustand wiederum ist notwendig, soll die Pumpe im aus Sicht der Energieeffizienz optimalen Punkt betrieben werden. Es wurde weiterhin ausgeführt, dass es beim Zusammenschalten zweier oder mehrerer Pumpen im Systemverbund durchaus aus energetischer Sicht optimal sein kann, die einzelnen Pumpen gerade nicht in ihrem individuellen Optimum zu betreiben.

Wird eine Pumpe jedoch nicht im optimalen Betriebspunkt betrieben, so kann dies in einer anderen Hinsicht zu Nachteilen führen: Ungünstige Druckverhältnisse können dann zu Kavitation und somit im schlimmsten Fall zu Bauteilschädigungen führen. Eine Echtzeit-Überwachung des Kavitationszustandes ist deshalb notwendig. Zwar existieren heute schon Systeme zur Echtzeit-Kavitationsüberwachung auf dem Markt, allerdings kann keines dieser Systeme die Kavitationsstärke im laufenden Betrieb zuverlässig bestimmen. Der Forschungsdruck in diesem Gebiet ist sowohl von Seiten der Pumpenhersteller als auch der Pumpenanwender hoch.

Eine Vielzahl existierenden Forschungsansätze zur Bestimmung der Kavitationsintensität erfolgt direkt an den von Kavitation betroffenen Materialoberflächen. In diesem Kapitel wird deshalb ein Forschungsansatz verfolgt, der auf den in Forschungsarbeiten anderer Autoren entwickelten Modellvorstellungen zur Kavitation im Inneren der Pumpe aufsetzt und zum Ziel hat, eine Echtzeit-Kavitationsbestimmung am Außengehäuse zu ermöglichen.

Im ersten Teil dieses Kapitels wird auf die Entstehung von Kavitation im Allgemeinen und auf kavitationsinduzierte Schallsignale im Speziellen eingegangen. Daraufhin werden die derzeit erforschten Wege zur Quantifizierung der Kavitationseinwirkung erläutert und der eigene Forschungsansatz zur Bestimmung der Kavitationsintensität dargelegt. Die speziell zu diesem Zweck entwickelte und bei den Versuchen eingesetzte Messtechnik wird vorgestellt. Schließlich werden die an zwei unterschiedlichen Prüfständen gewonnenen Ergebnisse dargestellt und diskutiert.

4.1. Theoretische Grundlagen zu kavitationsinduzierten Körperschallsignalen

4.1.1. Entstehungsursachen und Folgen von Kavitation

Der Begriff Kavitation beschreibt einen adiabaten Vorgang in einer Flüssigkeit, bei dem es zu einer Hohlraumbildung und zu einem damit einhergehenden lokalen Phasenübergang vom flüssigen zum dampfförmigen Zustand mit anschließendem implosionsartigem Rückübergang in die flüssige Phase kommt. Der Phasenwechsel erfolgt durch die Unterschreitung des örtlichen statischen Drucks unter einen kritischen Wert. Dieser kritische Wert wird durch die Stoffeigenschaften, die thermodynamischen Bedingungen und die Reinheit der Flüssigkeit bestimmt. In erster Näherung kann als kritischer Druck der *thermodynamische Dampfdruck* herangezogen werden.

Der örtliche Druckabfall entsteht nach den Gesetzen der Hydrodynamik durch die Erhöhung der Bewegungsgeschwindigkeit in der Flüssigkeit. Diese erhöhte Geschwindigkeit kann global durch Veränderungen der Strömungskontur verursacht werden, aber auch lokal durch rotatorische oder translatorische Fluidbewegungen wie sie z. B. bei abgelösten Strömungen in kleinen Wirbeln oder bei Schwingungsanregungen entstehen können. Die auftretenden Kavitationstypen werden dementsprechend in Einzelblasen und Schichtkavitation längs fester Wände und in Wirbel-, Strahl- oder Schwingungskavitation in der freien Flüssigkeit unterteilt.

Voraussetzung für das Verdampfen einer Flüssigkeit bei Erreichen des Dampfdrucks ist das Vorhandensein einer Phasengrenzfläche (flüssig/gasförmig). Bei realen Flüssigkeiten ist diese Phasengrenzfläche auch ohne freie Oberfläche immer (mehr oder weniger ausgeprägt) in Form von gasförmigen Hohlräumen vorhanden. Diese Hohlräume werden als Kavitationskeime bezeichnet. Sie liegen als kugelförmige Mikroblasen oder als gasgefüllte Poren in Schwebepartikeln und in den Innen-Bewandungen des Versuchsstands vor. In den Bereichen niedrigen Druckes wachsen diese Keime zu Dampfblasen an, um dann in den Bereichen höherer Drücke wieder implosionsartig zu kondensieren. Der gesamte Vorgang der Dampfbildung und der Rekondensation wird als *Kavitation* bezeichnet.

Kommt es in einer Pumpe zu Kavitation, so weicht die Strömung umso stärker von einem schaufelkongruenten Verlauf ab, je stärker die Kavitation ist. Dies führt dazu, dass die Förderaufgabe immer schlechter erfüllt wird. Dies bedeutet einen *Wirkungsgradabfall* und somit eine energetisch ungünstige Betriebsweise. Des Weiteren kann die Strukturanregung durch die implodierenden Kavitationsblasen zu einer starken *Geräuschentwicklung* und zu *Schwingungen* in der Anlage führen. Schließlich kann die mechanische Wirkung der implodierenden Dampfstrukturen zur *Schädigung des Pumpenwerkstoffs* führen. Dabei erfährt das Material zunächst eine Materialermüdung, dann eine Pit-Bildung (eine grübchenförmige plastische Verformung). Nach Überlagerung einer Vielzahl solcher Pits kommt es schließlich zum Materialabtrag.

4.1.2. Schallerzeugung durch Kavitation

Aus Sicht der Akustik stellt eine kugelsymmetrische Kavitationsblase mit veränderlichem Radius einen akustischen Mono-Pol dar, der durch Volumenänderung eine Schallwelle generiert [Sch95]. Die idealisierte Beschreibung der durch Implosion einer Blase emittierten Druckwelle erfolgt durch das Modell der *Schwingung des Radius einer Einzelblase*. In diesem vereinfachten Modell des Einzelblasenkollapses wird von einer kugelförmigen Einzelblase in einer inkompressiblen Flüssigkeit ausgegangen. Während des Blasenkollapses erfolgt eine Umwandlung der potentiellen Energie der Blase in kinetische Energie der Flüssigkeit.

Die potentielle Energie bestimmt sich nach Gleichung 4-1 aus dem Produkt des Blasenvolumens und der treibenden Druckdifferenz. Die treibende Druckdifferenz ist die Differenz aus dem äußeren Flüssigkeitsdruck p_{Fl} und dem Druck auf der Blasenwand p_W.

$$E_{pot} = (p_{Fl} - p_W) \cdot \frac{4\pi R^3}{3} \qquad (4-1)$$

Aufgrund des Energieerhaltungssatzes kann die am Entstehungsort emittierte Schallenergie nicht größer sein als die Summe der potentiellen Energien der einzelnen Kavitationsblasen.

Der Wanddruck p_W ergibt sich nach dem Kräftegleichgewicht an einer kugelförmigen Blase aus der Summe des Dampfdrucks p_v und des Partialdrucks der Fremdgase in der Blase p_G abzüglich des Drucks aus der Oberflächenspannung und des Reibungsverlusts nach Gleichung 4-2.

$$p_W = p_v + p_G - \frac{2\tau}{R} - \frac{4\mu_{dyn}\dot{R}}{R} \qquad (4-2)$$

τ ist hierbei die Oberflächenspannung, μ_{dyn} ist die dynamische Viskosität und R der Blasenradius. Die kinetische Energie der Flüssigkeit wird nach Gleichung 4-3 bestimmt. Sie wird mit der radialen Geschwindigkeit der Flüssigkeit c_r gebildet, die sich durch die Radiusänderung der Blase ergibt. ρ ist hierbei die Dichte der Flüssigkeit.

$$E_{kin} = \frac{\rho}{2} \int_R^\infty c_r^2 \, 4\pi r^2 dr \qquad (4-3)$$

Mit der differentiellen Form der Energieerhaltung

$$\frac{dE_{pot}}{dt} = -\frac{dE_{kin}}{dt} \qquad (4-4)$$

gelangt man zur der *Rayleigh-Plesset Gleichung*, die auch als fundamentale Beziehung der Blasendynamik bezeichnet wird.

$$R \cdot \ddot{R} + \frac{3}{2} \dot{R}^2 = \frac{1}{\rho}(p_W - p_{Fl}) \qquad (4-5)$$

Eine weitere wichtige Einflussgröße, die in einer *erweiterten Form* dieser Gleichung nach GILMORE (zitiert nach [Loh01]) eingeht, ist die Kompressibilität des umgebenden Fluids.

Bei Anhäufung *mehrerer Kugelblasen* auf einem begrenzten Raum entstehen Blasenwolken, innerhalb derer es zu einer gegenseitigen Beeinflussung der Einzelblasen kommt. Die emittierten Druckwellen müssen in diesem Fall ebenfalls mit erweiterten Modellen (Wolkenmodell von D'AGOSTINO) bestimmt werden ([Ago89] nach [Hof01]).

Auch in *Wandnähe* weichen die Dampfblasenimplosionsvorgänge von den Annahmen der Rayleigh-Plesset-Gleichung ab, da die Blase nur in ausreichender Entfernung von einer begrenzenden festen Wand konzentrisch kollabiert. Die Wandnähe behindert den Zufluss von Flüssigkeit zu der sich verkleinernden Blase, so dass sich die Blase zu einem Torus verformt. Durch einen auf die Blase wirkenden Sog hin zur begrenzenden Wand bildet sich ein mikroskopischer Wasserstrahl (der sogenannte Micro Jet) durch den Torus hindurch aus, der auf die Wand prallt. Die Blase kondensiert dabei nicht vollständig, sondern zerfällt in kleinere Einzelblasen (sogenannte Rebounds), die anschließend ebenfalls implodieren.

Nach heutigem Wissensstand wird als gesichert angesehen, dass Druckwelle und Micro Jet die Ursachen für mit Kavitation einhergehende Schädigungen am Pumpenmaterial sind. Aufgrund der sehr kleinen Einwirkfläche und der sehr geringen Dauer der Einwirkzeit des Wasserschlags (Größenordnung (μm)^2 für die belastete Fläche, (μs) für die Einwirkungszeit) wird der Beitrag des Micro Jets zur Gesamtschädigung als vermutlich gering gegenüber dem der Druckwellen eingeschätzt. Allerdings herrschen diesbezüglich noch unterschiedliche Meinungen [Loh01] und [Dul05].

Bei Körperschallmessungen an direkt von Micro Jets betroffenen Bauteilen (bei Pumpen ist dies die Beschaufelung) werden somit zwei Quellen des Körperschalls gleichermaßen gemessen: die Micro Jets und die durch Kavitation entstandenen, sich auf das Bauteil übertragenden Schallwellen im Fluid. Ein Micro Jet löst jedoch auch in einem angrenzenden Bauteil Körperschallwellen aus: Durch Schallleitung dieser Körperschallwellen kann der Effekt des Micro Jets sich demnach auch auf entferntere Bauteile übertragen.

Bei Messungen an nicht von Micro Jets betroffenen Bauteilen (bei Pumpen ist dies das Gehäuse) wird folglich davon ausgegangen, dass der gemessene Körperschall einerseits auf die durch den Micro Jet hervorgerufenen und andererseits auf die durch Kavitation im Fluid entstandenen Schallwellen zurückzuführen ist.

4.1.3. Ausbreitung der Schallsignale

Die Übertragung der Signale vom Entstehungsort zu einer Stelle, an der Messungen durchgeführt werden können, wird durch das frequenzabhängige Übertragungsverhalten des dazwischen liegenden Fluids und des Pumpen-Werkstoffes bestimmt.

Das *theoretische Übertragungsverhalten* des Schallsignals im Fluid wird durch Gleichung 4-6 beschrieben. Die maximale akustische Amplitude p_{ak} in einem Abstand d von der implodierenden Blase mit maximalem Blasenradius R_0 folgt dabei den Gesetzmäßigkeiten einer sich im homogenen Freifeld ausbreitenden kugelförmigen Schallwelle.

$$p_{ak} = \frac{1}{d} \Delta p \, R_0 \cdot f\left(\frac{\Delta p}{p_G}\right) \qquad \textbf{(4-6)}$$

Durch die umgekehrt proportionale Abhängigkeit des Schalldruckes p_{ak} von der Distanz d und den quadratischen Zusammenhang der Schallstärke zum Schalldruck nimmt mit zunehmendem Abstand von der Schallquelle die Signalstärke quadratisch ab. Δp ist hierbei die treibende Druckdifferenz und p_G der Gasdruck in der Blase.

In der Realität breitet sich das Schallsignal allerdings nicht homogen aus, sondern wird an den begrenzenden Wänden abhängig von deren Werkstoffeigenschaften und der Wellenlänge des Schallsignals reflektiert.

Der Reflexionsfaktor R_f bestimmt sich für den einfachen Fall einer senkrecht zu einer ebenen Grenzfläche eintreffenden Schallwelle zu

$$R_f = \frac{Z_2 - Z_1}{Z_1 + Z_2} \qquad (4\text{-}7)$$

Z_1 und Z_2 sind die sogenannten charakteristischen Impedanzen von zwei Medien. In dieser Arbeit handelt es sich bei den zwei Durchgangsmedien um Wasser und um den jeweiligen Gehäusewerkstoff (siehe Kapitel 4.4). Bei gleichen Impedanzen ist die Reflexion gering.

Aufgrund der ähnlichen Impedanzen von Wasser und Plexiglas wurden die Untersuchungen vom Kapitel 4.4, welche sich mit der Bestimmung der Übertragungsstrecke vom Ort der Kavitationsentstehung zum Außengehäuse beschäftigen, deshalb an einem Plexiglasgehäuse durchgeführt. Somit wurde zum einen die visuelle Kontrolle der Kavitationsvorgänge im Inneren der Pumpe ermöglicht, zum anderen konnten die Reflexionen des Schalls zurück ins Fluid (und damit einhergehendes Messrauschen) gering gehalten werden.

Die *Körperschallausbreitung* lässt sich für komplexe Geometrien wie im vorliegenden Fall nicht über die allgemeine Feldgleichung der Schallausbreitung in festen Körpern beschreiben [Loh01a], sondern kann nur numerisch berechnet werden. Zum einen existieren sehr unterschiedliche Wellenausbreitungsmöglichkeiten des Körperschalls (z.B. Longitudinalwellen, Quasilongitudinalwellen, Transversalwellen, Torsionswellen, Biegewellen und Oberflächenwellen) und zum anderen muss die Energiedissipation der Schallenergie über die werkstoffabhängige *Dämpfung* (bzw. innere Reibung) und *Abstrahlung* an einer Grenzfläche (bzw. impedanzabhängige Reflexion) berücksichtigt werden. Der Leser wird für eine weiterführende Beschreibung der Ausbreitung des Schalls in festen Körpern auf CREMER [Cre67] verwiesen.

4.2. Stand der Kavitationsaggressivitätsmessung

Die hydrodynamische *Kavitationsintensität* übt in Abhängigkeit der Werkstoffeigenschaften des Bauteils und der Einwirkdauer der Kavitation auf das Material eine schädigende Wirkung aus, die oftmals als *Kavitationsaggressivität* bezeichnet wird.

Um von einem Messsignal außerhalb der Pumpe auf die *Kavitationsintensität* und auf die *Kavitationsaggressivität* innerhalb der Pumpe schließen zu können, muss die Charakteristik der gesamten Übertragungskette bekannt sein (siehe Abbildung 4-1). Das Übertragungsverhalten kann so unterteilt werden, dass zunächst die Teilaspekte der Übertragung betrachtet werden. Für jedes Teilproblem ist die Entwicklung mathematischer Formulierungen erforderlich, die das Übertragungsverhalten mit ausreichender Genauigkeit beschreiben. Zur Erarbeitung solcher Modelle werden experimentell gewonnene Versuchsdaten benötigt, die als fundierte Wissensbasis für semi-empirische Zusammenhänge oder zur Validierung analytisch gewonnener Beziehungen dienen.

In den meisten Forschungsarbeiten zum Thema Kavitation kommen folgende messtechnische Methoden zum Einsatz:

- *Visualisierung* des Kavitationsbildes (visueller Kavitationsbeginn, Beurteilung der räumlichen Ausdehnung der Kavitation, Particle-Streak-Velocimetry, Particle-Image-Velocimetry)

- Messung des *Drucksignals*, der *Schwingung* bzw. des *Schalls* in der Nähe oder unmittelbar am kavitierenden Bauteil (dynamische Druckmessung, Messung des Flüssigkeits- oder des Körperschalls)

- Einsatz des *Werkstoffs* als Sensor. Die Auswertung der Werkstoffschädigung erfolgt oftmals in einem zweidimensionalen Bildverarbeitungsverfahren, z. B. im Pit-Count-Verfahren. Der Vergleich eines 2D- und eines 3D-Verfahrens (Messung des Massenabtrags durch Wiegen, dreidimensionale Erfassung der geschädigten Oberfläche mittels eines Weißlichtinterferometers) zur Schädigungsbestimmung wird in [Yu04] und [Bac05] durchgeführt.

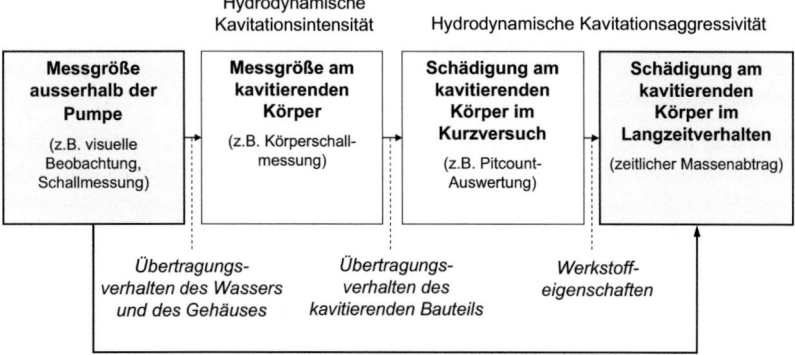

Abbildung 4-1: Schritte zur Bestimmung der hydrodynamischen Kavitationsaggressivität

Die erosive Wirkung der Kavitation, sprich die *Kavitationsaggressivität*, ist für die Verfügbarkeit einer Pumpe maßgebend. Deshalb ist das übergeordnete Forschungsziel vieler Forschungsarbeiten, Kavitation im Pumpeninneren gänzlich zu vermeiden oder zumindest die Kavitationsaggressivität zu reduzieren.

Die *Werkstoffeigenschaften* der Pumpe spielen bei dem Ausmaß der entstehenden Schädigung natürlich eine große Rolle: Das Abtragsverhalten verschiedener Werkstoffe wurde deshalb in [Bac04] und in [Rat09] dokumentiert. Die Verbesserung der Kavitationsresistenz durch eine Laserbehandlung der Oberfläche wird in [Tam00] vorgestellt. Das Testen der Werkstoffresistenz bzw. der Güte einer Beschichtungsmaßnahme bei Kavitationseintrag wird in speziellen experimentellen Aufbauten [Esc03] untersucht.

Eine andere Methode zur Reduzierung der Kavitationsaggressivität ist die Vorhersage der zu erwartenden Kavitationserosion. So können Gegenmaßnahmen eingeleitet werden, bevor die Schäden tatsächlich eintreten. Einen modellbasierten Zusammenhang zwischen dem Volumenanteil transienter Dampfblasen und der Produktionsrate an Deformationsenergie liefert PEREIRA [Per98]. Anhand von *Kavitationserosionsmodellen* wird in [Cho06] aus dem am Werkstoff vorliegenden Kavitationseintrag bei kurzer Aussetzung der Kavitation (im sogenannten Pit-Count-Stadium) die Schädigungswirkung im Langzeitverhalten bestimmt. DULAR [Dul05] führte experimentelle Untersuchungen durch, um ein *Strömungssimulationsmodell* dahingehend zu kalibrieren, dass die erosive Kavitationswirkung darin implementiert ist. Das Ziel ist hier die Vorhersage der zu erwartenden Kavitationserosion mittels CFD-Berechnungen. Experimentelle Versuche der plastischen Verformung einer Aluminiumbeschichtung an radialen Laufrädern wurden von FUKAYA durchgeführt [Fuk06], um eine Prognose über die zu erwartende erosive Aggressivität machen zu können.

LOHRBERG [Loh01a] führte akustische Messungen an einer rotierenden Pumpe durch und korrelierte die Ergebnisse zu der mittels Pit-Count und anderen Modellen berechneten Werkstoffschädigung. Ziel ist es, aus dem akustischen Messsignal eine Prognose zu der zu erwartenden Langzeitschädigung zu liefern und Maßnahmen zur aktiven Kontrolle der Kavitationsaggressivität einzuleiten.

Den Maßnahmen zur Kontrolle bzw. zur *Unterdrückung* der erosiven Aggressivität (wobei ein Betrieb bei fortgeschrittener Kavitation hier zugelassen wird) widmen sich BÖHM [Böh98] und HOFMANN [Hof01]. Dabei wird die Wirksamkeit unterschiedlicher Maßnahmen (Wasserbehandlung durch Aufgasen, Luftinjektion, Geometrievariationen, Druck-Saugseitenverbindung) untersucht.

Aber auch die Kavitations*intensität* ist für eine Pumpe von großer Bedeutung, da Kavitation bereits vor dem Eintreten von Bauteilschädigungen durch die Kavitationserosion zu einer Verschlechterung der Fördereigenschaften der Pumpe (und somit zum Effizienzverlust) sowie zu einer Belastung der Pumpenbauteile (Lager, Dichtungen) durch erhöhte Schwingungen führt.

Wege zur Bestimmung der Kavitationsintensität bzw. der Hydraulic Cavitation Intensity (HCI) werden in [Bro97] behandelt. Die Eignung verschiedener Messaufnehmer (Wasserschall-, Körperschall-, lokale Druckpulse) wurde in den Arbeiten von WAGNER [Wag90] und SCHULLER [Sch95] untersucht. Zwar liefern akustische Signale im Gegensatz zu visuellen Beobachtungen keine direkten Informationen über den Typ, den Ort und die Ausdehnung des Kavitationsvorganges, doch besitzt der akustische Ansatz gegenüber der visuellen Vorgehensweise den großen Vorteil, dass die optische Zugänglichkeit der Kavitationsstelle (z. B. durch ein transparentes Gehäuse) keine Voraussetzung für die Durchführung des Verfahrens ist. Da in der Praxis die optische Zugänglichkeit zum Laufrad üblicherweise nicht gegeben ist, wird deshalb in den Versuchen zur Kavitationsaggressivitätsbestimmung am Pumpen-Außengehäuse dieser Arbeit ein akustischer Ansatz verfolgt. Dies dient der Erhöhung der Übertragbarkeit der gewonnenen Ergebnisse.

Durch Erfassung des Körperschallsignals am kavitierenden Bauteil in [Loh01a] soll der *direkte,* wandnahe Kavitationseintrag gemessen und so verhindert werden, dass das Messsignal durch die Positionierung des Sensors am Außengehäuse die Signale anderer kavitierender Bauteile mit aufzeichnet.

Andererseits erfordert die Messung des Körperschalls *direkt* am kavitierenden Bauteil von Turbomaschinen die Positionierung der Sensorik im rotierenden Teil der Maschine, was in der praktischen Anwendung nicht mit vertretbarem Aufwand realisierbar ist. Es muss daher untersucht werden, welcher Informationsgehalt *am Gehäuse* über die Kavitationsintensität in der Pumpe *vorliegt* und inwieweit sich im Betrieb veränderliche Parameter auf die Übertragung des Schallsignals auswirken.

Diese Arbeit liefert experimentelle Ergebnisse zum Übertragungsverhalten von in Wasser entstandenen Kavitationssignalen unterschiedlicher Intensität. Das Ziel der Forschungsaktivität ist es, Körperschallsignale, die am Pumpengehäuse gemessen werden, besser deuten bzw. interpretieren zu können und festzustellen, wie ein am Gehäuse gemessenes akustisches Kennfeld dazu beitragen kann, die Effizienz eines Fluidfördersystems zu erhöhen.

4.3. Messtechnischer Aufbau

4.3.1. Anforderungen an die Messtechnik bei der Erfassung von Kavitationssignalen

Durch die Implosion einer Dampfblase in der freien Strömung wird eine Druckwelle erzeugt, welche die Struktur der Pumpe und der gesamten Anlage anregt. In der Nähe einer festen Wand erfolgt die Strukturanregung durch den Druckpuls des auf die Wand auftreffenden Micro Jets *und* durch mehrere Druckwellen, die bei der Implosion von Rebounds ausgesandt werden. Kavitationssignale können als die Antwort der mechanischen Struktur, des Sensors und Verstärkers auf die Anregung durch die Implosionsvorgänge verstanden werden [Loh01]. Ein typisches Kavitationssignal ist in Abbildung 4-2 (oben) dargestellt.

Arbeiten mit Messungen von Kavitationssignalen an *feststehenden kavitierenden Bauteilen* (z. B. an Ventilen in [Rot05]) haben gezeigt, dass durch die kurze Dauer[6] der Strukturanregung Kavitationssignale mit hochfrequenten Anteilen im MHz-Bereich erzeugt werden.

In dieser Arbeit durchgeführte Signalanalysen an verschiedenen Versuchsständen haben ergeben, dass Kavitationssignale, die *nicht unmittelbar* an der kavitierenden Struktur gemessen werden, diese hohen Frequenzanteile *nicht* besitzen.

Eine mögliche Erklärung hierfür ist, dass die hochfrequenten Signalanteile durch die Anregung des auf die Wand auftreffenden Micro Jets verursacht werden und somit *ausschließlich an der kavitierenden Struktur erzeugt* und gemessen werden können. An weiter entfernt gelegenen Stellen werden, so die Erklärung, nur die Kavitationssignale niedrigerer Frequenz gemessen, welche durch die Schalldruckwellen im Fluid erzeugt wurden.

Ein weiterer Grund besteht darin, dass sowohl die Micro Jets als auch die Druckwellen im Fluid und in der Struktur Kavitationssignale hoher Frequenz erzeugen; je weiter allerdings die Messsignale vom Entstehungsort erfasst werden, desto stärker ist die *Dämpfung* der Signalamplituden und der Frequenzen *durch die Signalübertragung*. Die hohen Frequenzanteile werden deshalb nur an der kavitierenden Struktur erfasst.

Unabhängig vom Erklärungsansatz ist die Konsequenz für diese Arbeit, dass hochfrequente Anteile im ursprünglichen Kavitationssignal bei der Messung am Außengehäuse nicht mehr zur Interpretation zur Verfügung stehen. Der Informationsgehalt des Signals nimmt von innen nach außen ab.

Aus drei Gründen wurde für die Kavitations-Messungen der vorliegenden Arbeit ein spezieller messtechnischer Aufbau entwickelt. Diese Gründe sollen im Folgenden dargelegt werden.

a) Da die Schwingungen *direkt am kavitierenden Bauteil* noch die zuvor genannten hochfrequenten Signalkomponenten (im MHz-Bereich) beinhalten, wäre, sollte das Kavitationssignal dort digital erfasst werden, eine hochfrequente digitale Signalabtastung erforderlich.

b) Weiterhin haben Untersuchungen von LOHRBERG [Loh01] ergeben, dass erst ab einer Messdauer von mehr als zehn Sekunden von einer statistischen Unabhängigkeit der Ergebnisse für Kavitationsmessungen ausgegangen werden kann. In dieser Arbeit betrug die Messdauer deshalb fünfzehn Sekunden.

---

[6] Nach LOHRBERG [Loh01] beträgt die Einwirkzeit der Anregung nur einige Mikrosekunden.

c) Für diese Arbeit wurden Messungen am kavitierenden Schaufelfuß in einer rotierenden Nabe durchgeführt (siehe Kapitel 2.2) und das Signal per Telemetrie auf eine feststehende Empfängereinheit übertragen.

Die Messung des Kavitationssignals direkt an der kavitierenden Schaufel erfordert deshalb neben der hochfrequenten *Signalabtastung* (a) auch eine hochfrequente *Signalübertragung* (c), was derzeit technisch mit vertretbarem Aufwand gar nicht möglich ist. Weiterhin wird eine hohe *Speicherkapazität* benötigt, da die Aufzeichnung des hochabgetasteten Signals über eine relativ lange Zeit erforderlich ist, um statistisch gesicherte Ergebnisse zu erzielen (Kombination aus a) und b)).

4.3.2. Verarbeitung des kavitationsinduzierten Körperschallsignals

Um einen möglichst hohen Informationsgehalt des Kavitationssignals bei erheblich reduzierter Datenmenge zu erfassen, wurde deshalb in Zusammenarbeit mit der Elektronikwerkstatt des Fachbereichs Maschinenbau der TU Darmstadt eine Signalverarbeitungselektronik entwickelt, die das Rohsignal analog aufnimmt und vor der Signalübertragung und -speicherung konditioniert.

Laut LOHRBERG [Loh01] ist die Maximalamplitude des Kavitationssignals ein Maß für die anregende Kraft der ausgesandten Schallwelle, wohingegen das Abklingverhalten des Signals von der Dämpfung und Streuung der Schallwelle an anderen Blasen sowie von der inneren Dämpfung des Materials abhängt.

Um die Intensität der einwirkenden Kavitation auszudrücken, bildet die Signalverarbeitung deshalb den *zeitlichen Effektivwert* des Kavitationssignals (bei dem es sich um ein Beschleunigungssignal handelt).

Der Effektivwert U_{eff} wird nach Gleichung 4-8 bestimmt und stellt den quadratischen Mittelwert des zeitlich veränderlichen Spannungssignals dar. Er wird in dieser Arbeit als Maß für die eingetragene Kavitationsleistung bzw. für die Kavitationsintensität verwendet.

$$U_{eff} = \sqrt{\frac{1}{T} \int_{t_0}^{t_0+T} u^2(t)\, dt} \qquad (4\text{-}8)$$

wobei $u(t)$ der zeitliche Spannungsverlauf des Kavitationssensors ist.

Die Anregungen des Systems durch andere Einwirkungen (benachbarte Maschinen, Unwucht, Lagerschäden, ...) finden bei Frequenzen unterhalb 50 kHz statt [Sch95]. Um ausschließlich das durch Kavitationsanregung erzeugte Schallsignal aufzuzeichnen, besitzt die Signalverarbeitung ein Eingangshochpassfilter mit einer Eckfrequenz von 50 kHz.

Die Hauptaufgabe der Signalverarbeitung übernimmt ein logarithmischer Verstärker. Der Hauptzweck des logarithmischen Verstärkers ist dabei nicht, das Signal zu verstärken (obwohl eine hohe Verstärkung zur Realisierung der Funktion genutzt wird). Vielmehr soll der Effektivwert eines hoch-dynamischen Eingangssignals logarithmisch dargestellt werden.

Messkette im feststehenden System

An den Prüfständen „Radialpumpe" und „axiale Versuchsmaschine" erfolgten Messungen am Gehäuse der Versuchspumpe. Abbildung 4-2 zeigt die *im feststehenden System* eingesetzte Messtechnik. Die verwendeten Körperschallsensoren sind des Typs M5W der Firma Fujiceramics Corporation. Es handelt sich dabei um breitbandige piezoelektrische AE-Sensoren mit einem Messbereich von 100 kHz bis 4 MHz.

Zur Signalverstärkung kam ein AE-Vorverstärker des Typs CAFE2 AE Preamplifier V3202 der Firma Ziegler Instruments GmbH zum Einsatz. Damit können Schallemissionssignale im Bereich zwischen 20 kHz und 2 MHz wahlweise um 40 dB oder 60 dB verstärkt werden.

Das Kavitationssignal konnte schließlich als „Rohsignal" oder in einer verarbeiteten Form über ein digitales Speicheroszilloskop oder eine Messkarte gespeichert werden[7]. Zur Datenaufzeichnung wurden ein digitales Speicheroszilloskop SDS200 der Firma softDSP Co., Ltd. (Puffergröße 10.000 Werte, maximale Summenabtastrate 100 MHz) sowie die Messkarte des Typs µDAQ USB-30 der Firma Eagle (maximale Summenabtastrate 250 kHz) eingesetzt.

Das Rohsignal wurde lediglich einmalig zur Validierung der Signalverarbeitungselektronik aufgezeichnet, bei allen anderen Messungen wurde das verarbeitete Signal (der zeitliche Effektivwert) aufgezeichnet.

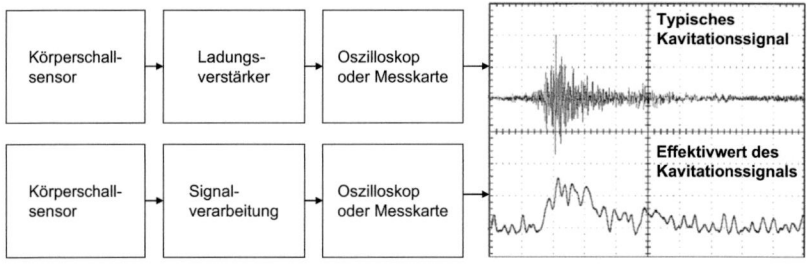

Abbildung 4-2: Messkette im feststehenden System

---

[7] Im Gegensatz zum rotierenden ist beim feststehenden System die Aufzeichnung des Rohsignals möglich, da hier die Messkette keine Übertragung durch Telemetrie beinhaltet. Allerdings kann auch beim feststehenden System nicht dauerhaft das unverarbeitete Rohsignal aufgezeichnet werden, da die anfallenden Datenmengen zu groß und somit nur schlecht handhabbar wären.

Messketten im rotierenden System

Abbildung 4-3 zeigt die Messkette für die Messungen *im rotierenden System*. Die oben beschriebene Signalverarbeitung ist hier in der rotierenden Nabe untergebracht. Über Kabel, welche durch die hohle Antriebswelle geführt werden (siehe Abbildung 2-10 in Kapitel 2.2) werden die Signalverarbeitung mit Spannung versorgt und die Signale aus der Nabe zum mitrotierenden Sender der Telemetrie geleitet, welcher die Signale per Funkübertragung zu einem feststehenden Empfänger schickt.

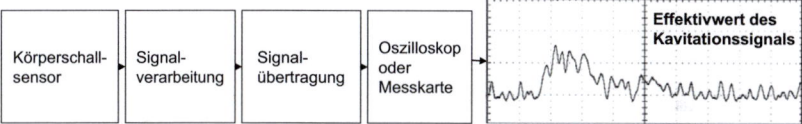

Abbildung 4-3: Messkette im rotierenden System

Für diese Untersuchungen wurde das datatel 1 Kanal Telemetriesystem der Firma Telemetrie Elektronik GmbH eingesetzt. Es besteht aus dem Sender (Abbildung 4-4) einer Empfangsantenne mit Magnetfuß und einem Empfänger (Abbildung 4-5).

Über eine 9V Blockbatterie werden sowohl der Sender als auch die Signalverarbeitung in der Nabe mit Spannung versorgt. Der Sender und die Blockbatterie sind auf der Wellenkupplung angebracht. Für die Versuche dieser Arbeit wurde der Sender dahingehend modifiziert, dass das Eingangshochpassfilter entfernt und der Eingangsspannungsbereich den Ausgangssignalen der Signalvorverarbeitung angepasst wurde. Es können Signale mit einer Frequenz von bis zu 100 kHz übertragen werden.

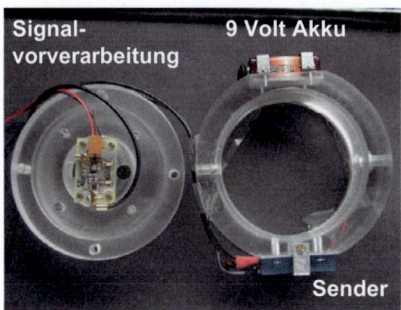

Abbildung 4-4: Signalverarbeitung, Telemetriesender und Spannungsversorgung

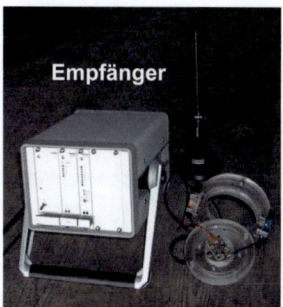

Abbildung 4-5: Empfangseinheit der Telemetrie

4.4. Experimentelle Ergebnisse

Zur Kennzeichnung des Kavitationsverhaltens einer Pumpe wird der sogenannte NPSH-Wert verwendet[8]. Er ist definiert als

$$NPSH = \frac{p_{E,tot} - p_v}{\rho g} \quad (4-9)$$

$p_{E,tot}$ ist der absolute Totaldruck am Eintrittsquerschnitt der Pumpe, p_v ist der Dampfdruck und ρ die Dichte des Fluids. Zur dimensionslosen Darstellung der Ergebnisse wird die Kavitationszahl σ_u verwendet, welche als die Differenz des Totaldrucks am Pumpeneintritt $p_{tot,E}$ zum Dampfdruck p_v bezogen auf den mit der Umfangsgeschwindigkeit am Außenradius u_a gebildeten dynamischen Druck definiert ist.

$$\sigma_u = \frac{p_{tot,E} - p_v}{\left(\frac{\rho}{2} u_a^2\right)} \quad (4-10)$$

Der Betriebspunkt wird über den Fördergrad q^* ausgedrückt, welcher das Verhältnis des Volumenstroms Q zum Volumenstrom bei stoßfreier Zuströmung Q_{stfr} darstellt:

$$q^* = \frac{Q}{Q_{stfr}} \quad (4-11)$$

Qualitativer Vergleich zwischen Gehäusesignalen und Signale in der rotierenden Nabe

Mit der vorgestellten Messtechnik konnte am Prüfstand „axiale Strömungsmaschine" (siehe Kapitel 2.2) der Vergleich der („inneren") Kavitationssignale an der kavitierenden Struktur im rotierenden System mit den („äußeren") Messwerten am Pumpengehäuse stattfinden. Abbildungen 4-6 und 4-7 zeigen die Kennfelder der in der Nabe und am Gehäuse gemessenen zeitlichen Effektivwerte für unterschiedliche Betriebspunkte und Kavitationszustände. Die Messungen des Gasgehalts nach dem Van-Slyke Prinzip (siehe Kapitel 2.2) ergaben einen Gehalt an gelösten und ungelösten Gasen von 23 mg/l.

Aus dem Vergleich beider akustischer Kennfelder wird deutlich, dass die am Gehäuse gemessenen Kavitationsintensitäten von ihrer Verteilung her gut mit den an der kavitierenden Struktur gemessenen Intensitäten übereinstimmen. Was die Absolutwerte angeht, so sind die direkt an der kavitierenden Struktur gemessenen Kavitationsintensitäten etwa vier Mal so hoch wie die am Gehäuse. Das kann einerseits durch die stärkere Auswirkung der Micro Jets und der Schallwellen auf die Schaufel als auf das Gehäuse gewertet werden. Zum anderen darf nicht vergessen werden, dass im Pumpeninneren die Kavitation an *einer* kavitierenden Schaufel *kontinuierlich* erfasst wird, wohingegen am Gehäuse der Kavitationseintrag von vier Schaufeln gemessen wird, welche mit einer gewissen Frequenz die Messstelle *passieren*.

---

[8] Der NPSH-Wert einer Pumpe und einer Anlage wird im Anhang dieser Arbeit näher erläutert.

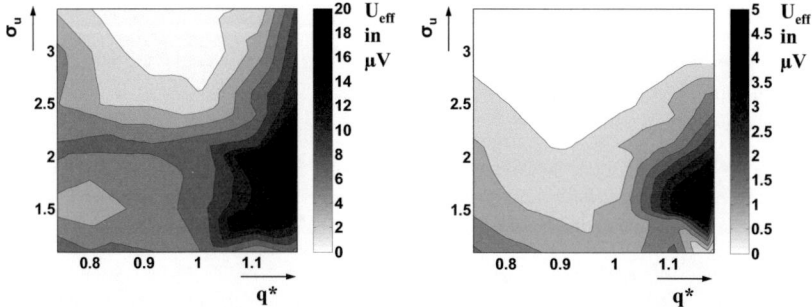

Abbildung 4-6: Kennfeld des in der rotierenden Nabe gemessenen Effektivwerts des Kavitationssignals (n = 1000 min^{-1}, Gasgehalt 23 mg/l)

Abbildung 4-7: Kennfeld des am Pumpengehäuse gemessenen Effektivwerts des Kavitationssignals (n = 1000 min^{-1}, Gasgehalt 23 mg/l)

Es kann außerdem festgestellt werden, dass das Feld asymmetrisch ist: die Höchstwerte der Schalleffektivwerte werden in Überlast (q = 1,2 bei niedrigen Kavitationszahlen von 1,5 bis 2) gemessen. In Teillast (q = 0,8) sind bei gleichen Kavitationszahlen die Messwerte der Schallintensität deutlich niedriger als in Überlast. Der Grund für diese ungleichen Verhältnisse ist, dass die druckseitige Kavitation aufgrund der höheren Strömungsgeschwindigkeiten viel intensiver als die saugseitige Kavitation ist. Diese Eigenschaft, welche dazu führt, dass die Beschaufelung bei druckseitiger Kavitation stärkerer Erosion ausgesetzt ist, wird im am Gehäuse gemessenen Kennfeld ebenfalls richtig wiedergegeben.

Die Auswertung der Kavitationskennfelder bei einem niedrigeren Gasgehalt (18 mg/l) ist in Abbildung 4-8 für die Messung in der rotierenden Nabe und in Abbildung 4-9 für die Gehäusemessung dargestellt. Es zeigt sich, dass bei einem niedrigen Gehalt an gelösten und ungelösten Gasen in der Flüssigkeit die Kavitation (bei gleichen Kavitationszahlen) eine höhere Intensität besitzt.

BÖHM [Böh98] stellte bereits fest, dass eine Anhängigkeit der erosiven Aggressivität vom freien und gelösten Gasgehalt besteht. Die Zufuhr von Luft oder die Aufgasung bis zur Übersättigung stellt eine effektive Methode zur Reduzierung von erosiven Schäden dar.

Zum einen findet eine Umwandlung der Kavitationserscheinung in einen weniger aggressiven, stabilen Kavitationstyp statt. HOFMANN [Hof01] führt dies auf die Dämpfung der Implosionsamplituden durch den erhöhten Luftanteil innerhalb der Dampfblasen zurück. DULAR [Dul05] fügt dieser Begründung hinzu, dass die Geschwindigkeit des Micro Jets ebenfalls geringer ist.

Zum anderen senken die Luftblasen die Schallgeschwindigkeit, also die Geschwindigkeit der Schallausbreitung bei einem Blasenkollaps, extrem ab. Entscheidend für die Wirkung des Gasgehalts ist jedoch, dass bei höheren Gasgehalten die Übertragung der Druckwellen im Fluid stärker gedämpft wird als bei niedrigen Gasgehalten.

Bei einem hohen Gasgehalt wird somit ein gedämpftes Signal *erzeugt* und dieses obendrein, verglichen mit der Signalübertragung bei einem niedrigen Gasgehalt, in gedämpfter Weise *übertragen*.

Trotz dieses absoluten Unterschiedes der Kennfelder bei höheren und bei niedrigeren Gasgehalten besteht jeweils eine gute qualitative Übereinstimmung der am Gehäuse gemessenen Signale zu denen, die im Inneren der Laufradnabe erfasst wurden.

Der Kavitationsbeginn wurde visuell bestimmt und ist als gestrichelter Verlauf in den Kennfeldern eingezeichnet. Die Übereinstimmung des visuellen Kavitationsbeginns mit dem an der Schaufel gemessenen akustischen Kavitationsbeginn ist sehr gut (Abbildung 4-8), wobei die akustische Detektion direkt am Probenkörper erwartungsgemäß eine höhere Sensibilität als das visuelle Verfahren aufweist, was sich daran erkennen lässt, dass, wenn erste Kavitationsblasen sichtbar werden, bereits akustische Signaleffektivwerte von circa 2 µV messbar sind.

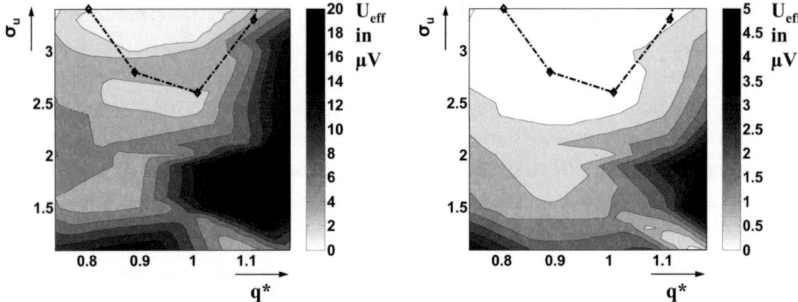

Abbildung 4-8: Kennfeld des in der rotierenden Nabe gemessenen Effektivwerts des Schallsignals (n = 1000 min^{-1} und Gasgehalt 18 mg/l)

Abbildung 4-9: Kennfeld des am Pumpengehäuse gemessenen Effektivwerts des Schallsignals (n = 1000 min^{-1} und Gasgehalt 18 mg/l)

Fazit: Eine Messung der Kavitationsintensität *am Gehäuse* gibt unabhängig vom Gasgehalt jeweils eine gute *qualitative* Auskunft über den Kavitationsintensitätszustand im Pumpeninneren.

<u>Quantitativer Vergleich zwischen Gehäusesignalen und Signalen in der rotierenden Nabe</u>

Um festzustellen, inwieweit auch ein *quantitativer* Zusammenhang zwischen den außen und innen gemessenen Kavitationsintensitäten besteht, wird das Verhältnis der Effektivwerte $U_{eff,aussen}$ zu $U_{eff,innen}$ gebildet. Abbildung 4-10 stellt den Verlauf dieses Verhältnisses über der Kavitationszahl für unterschiedliche Betriebspunkte dar. Es wird deutlich,

Überwachung der Kavitationsintensität 71

dass die Korrelation zwischen innen und außen kein fester Wert ist, sondern von der Kavitationszahl abhängt: Bei *niedriger* Kavitationszahl sind die am Gehäuse gemessenen Signalanteile relativ *stärker* als bei hoher Kavitationszahl.

Dieses Ergebnis erscheint zunächst überraschend, da eine Schallübertragung durch das Wasser zum Gehäuse bei hoher Kavitation aufgrund des höheren Dampfanteils gedämpfter sein sollte als bei niedriger Kavitation. Die optische Betrachtung der Kavitationszustände liefert jedoch eine plausible Erklärung für die stärkeren Gehäusesignale bei hoher Kavitation: Der Kavitationstyp und -ort ändern sich von einer an der Schaufelkontur anliegenden Schichtkavitation zu einer Wolkenkavitation, die näher am Gehäuse implodiert. Außerdem findet eine Zunahme der Spaltkavitation zwischen den Schaufelspitzen und dem Gehäuse statt. Deshalb finden Implosionen an der Innenwand des Gehäuses statt und somit liegt ein relativ höherer Effektivwert am Außengehäuse vor.

Wird das Verhältnis der Effektivwerte über die auf den Kavitationsbeginn bezogene Kavitationszahl aufgetragen, kann festgestellt werden, dass der Trend zu höheren Gehäusesignalen bei starker Kavitation für alle Betriebspunkte gilt (Abbildung 4-11).

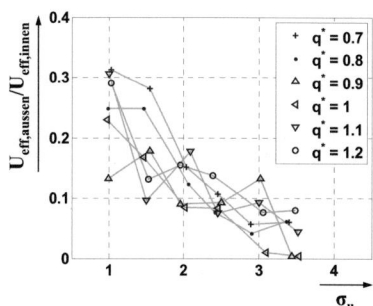

Abbildung 4-10: Verhältnis der am Gehäuse und in der Nabe gemessener Schalleffektivwerte in Abhängigkeit der Kavitationszahl für verschiedene Betriebspunkte

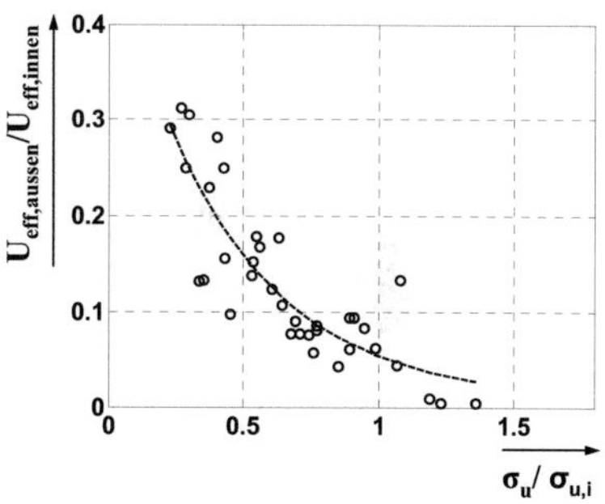

Abbildung 4-11: Verhältnis der am Gehäuse und in der Nabe gemessener Schalleffektivwerte in Abhängigkeit der auf den Kavitationsbeginn bezogenen Kavitationszahl für verschiedene Betriebspunkte

In Abbildung 4-12 wird das Verhältnis der Effektivwerte über die auf den Kavitationsbeginn bezogene Kavitationszahl für die zwei untersuchten Gasgehalte aufgetragen.

Es kann festgestellt werden, dass der Trend höherer Gehäusesignale bei starker Kavitation für beide Gasgehalte ähnlich ist. In dieser Darstellung muss berücksichtigt werden, dass aufgrund der stärkeren Dämpfung bei hohen Gasgehalten der Kavitationsbeginn bei den hohen Gasgehalten später als bei niedrigen Gasgehalten eintritt.

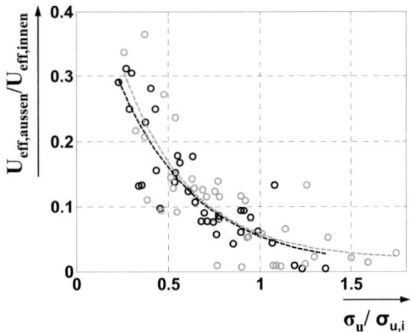

Abbildung 4-12: Verhältnis der am Gehäuse und in der Nabe gemessener Schalleffektivwerte in Abhängigkeit der auf den Kavitationsbeginn bezogener Kavitationszahl für verschiedene Betriebspunkte und zwei unterschiedliche Gasgehalte

Fazit: Die Messungen der Kavitationsintensität am Gehäuse einer Pumpe ergeben *kein direktes Maß* für die Kavitationsintensität an der Beschaufelung. Neben der Änderung des Übertragungsverhaltens des Fluids durch Änderung des Dampfanteils im Fluid bei Kavitation hängen die am Gehäuse gemessenen Werte in hohem Maße vom Kavitationstyp und -ort ab.

Eine Kalibrierung der Kavitationsintensität durch ein *Simulationsmodell* (z. B. in einem CFD-Modell) muss daher beide Effekte berücksichtigen:

- die Änderung der Position der Schallquellen relativ zum Sensor und
- die Änderung des Übertragungsverhaltens von diesen Schallquellen ausgehend zur Messstelle

Bei gleichem Kavitationsgrad (bzw. σ_u/σ_{ui} Verhältnis) scheint der Gasgehalt des Fluids eine untergeordnete Rolle in der Signalübertragung zu spielen. Um diese Annahme zu validieren, sind jedoch noch weitere Versuche bei größeren Gasgehaltsunterschieden erforderlich.

Heute übliche Methoden zur Kalibrierung einer Kavitationsintensitätsmessung (bei kürzeren als der hier betrachteten Signalübertragungsstrecke) sind die Verwendung eines Hydrophons als Schallsender oder die gezielte Herbeiführung einer Funkenentladung [Sch95].

Aufgrund der dargestellten Komplexität des Übertragungsverhaltens stellen diese *experimentellen* Kalibrierungsmethoden allerdings im vorliegenden Fall eine Vereinfachung dar, die keinesfalls einer Signalübertragung unter realen Betriebsbedingungen entspricht. Eine experimentelle Kalibrierung ist bei der in dieser Arbeit untersuchten Übertragungsstrecke vom Ort der Kavitationsentstehung bis zum Außengehäuse folglich nur unter *rea-*

Überwachung der Kavitationsintensität 73

ler Kavitationseinwirkung sinnvoll. Die Kalibrierung muss entweder zu einem Referenzsignal in der rotierenden Nabe erfolgen (Kavitationsintensität) oder direkt zur Werkstoffschädigung (Kavitationsaggressivität).

Informationsgehalt des akustischen Kennfelds auch ohne Kalibrierung

Das Kennfeld der am Gehäuse gemessenen Effektivwerte kann auch schon *ohne Kalibrierung* dazu genutzt werden, um die Energieeffizienz und die Verfügbarkeit einer Anlage zu erhöhen:

- Durch *Messung des Betriebpunkts* (z. B. mittels des in Kapitel 3 vorgestellten Verfahrens der integrierten Volumenstrombestimmung, des Drucks am Pumpeneintritt und der Drehzahl) kann aus dem Kennfeld der Schalleffektivwerte der entsprechende Wert im laufenden Betrieb interpoliert werden. Anhand eines (individuell festlegbaren) Grenzwertes kann bei Überschreitung dieses Wertes eine Regelmaßnahme (z. B. Drehzahlabsenkung) eingeleitet werden.

- Durch *Messung des Betriebpunkts und des Schalleffektivwertes* kann der im laufenden Betrieb gemessene akustische Wert (*Ist*zustand) mit dem Wert aus dem Kennfeld der Schalleffektivwerte (*Soll*zustand) verglichen werden. Gibt es eine Abweichung zwischen beiden Werten, so liegen andere *Kavitationszustände* vor (ungünstige Einbaubedingung bzw. ungünstige Beaufschlagung, andere Fluideigenschaft …). Durch Überwachung der Einhaltung der Schalleffektivwerte des akustischen Kennfeldes können also Änderungen im Kavitationsverhalten im laufenden Betrieb ausgemacht werden.

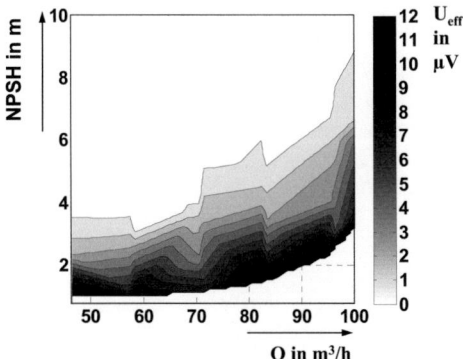

Abbildung 4-13: Kennfeld des an der Radialpumpe bei $n = 1800$ min^{-1} gemessenen Effektivwerts des Schallsignals

Änderung des akustischen Kennfelds bei einer affinen Betriebspunktänderung

Das in Abbildung 4-13 dargestellte Kennfeld wurde am Prüfstand „Radialpumpe" aufgezeichnet (siehe Kapitel 2) und ist dimensionsbehaftet. Für eine Nutzung zur Überwachung der Kavitation im drehzahlvariablen Betrieb ist eine drehzahlunabhängige Darstellung der Größen NPSH, Volumenstrom und Schalleffektivleistung erforderlich. Im drehzahlvariablen Betrieb wird der NPSH-Wert über die Kavitationszahl ausgedrückt und der Volumenstrom beispielsweise über den relativen Volumenstrom (natürlich könnten auch der Fördergrad nach Gleichung 4-11 oder die Durchflusszahl [Sto01] eingesetzt werden).

Die Abhängigkeit der Schallleistung von der Drehzahl wird in der Literatur nach Gleichung 4-12 angegeben, wobei sich der Exponent in den verschiedenen Quellen unterscheidet: BRODERSEN [Bro97] gibt einen Exponenten von 2,8 an, Schuller [Sch95] beziffert den Exponenten zwischen 3 und 4. Dular [Dul05] beziffert den Exponenten zur Drehzahl allerdings für die Schädigungsleistung mit 6,1. Die Versuche in der angegebenen Literatur wurden entweder bei konstanter Schleppenlänge (d.h. bei konstanter Länge der sichtbaren Kavitation) oder bei konstanter Kavitationszahl durchgeführt, was die Unterschiede der Exponenten ebenfalls erklärt.

$$P \sim n^\kappa \tag{4-12}$$

In den Abbildungen 4-14 bis 4-16 ist der Effektivwert des Schallsignals auf n^3 bezogen und über der Kavitationszahl für verschiedene Reynoldszahlen und Fördergrade aufgetragen. Der Exponent $\kappa = 3$ liefert die besten Ergebnisse für ein drehzahlunabhängiges Ergebnis. Abbildung 4-16 zeigt allerdings auch, dass die Maximalwerte in Überlast ($q = 1,3$) der empirisch ermittelten Gesetzmäßigkeit nicht folgen.

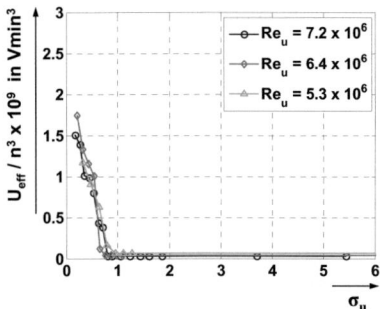

Abbildung 4-14: Verlauf des auf die 3. Potenz der Drehzahl bezogenen Signaleffektivwerts über der Kavitationszahl für verschiedene Reynoldszahlen (gemessen bei $q = 0{,}7$)

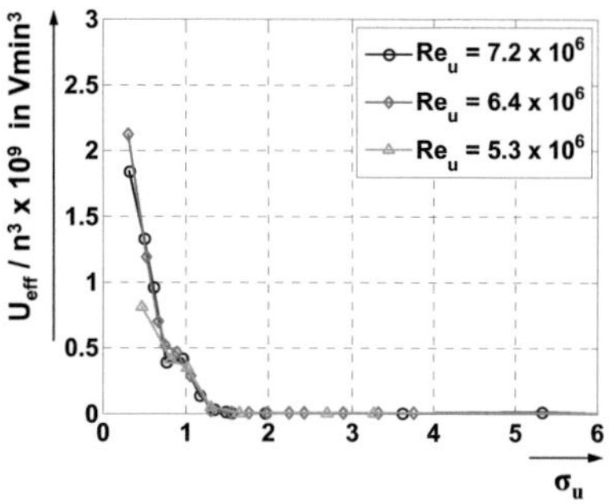

Abbildung 4-15: Verlauf des auf die 3. Potenz der Drehzahl bezogenen Signaleffektivwerts über der Kavitationszahl für verschiedene Reynoldszahlen (gemessen bei $q = 1$)

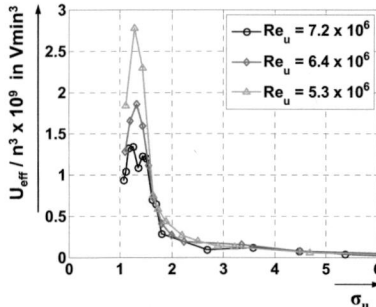

Abbildung 4-16: Verlauf des auf die 3. Potenz der Drehzahl bezogenen Signaleffektivwerts über der Kavitationszahl für verschiedene Reynoldszahlen (gemessen bei $q = 1{,}3$)

Fazit: Der empirisch ermittelte Zusammenhang führt zu dem akustischen Kennfeld in Abbildung 4-17, das wie beschrieben dazu genutzt werden kann, den Kavitationszustand der Pumpe im laufenden Betrieb zu überwachen. Dabei kann der Pumpenbetrieb auch drehzahlvariabel erfolgen.

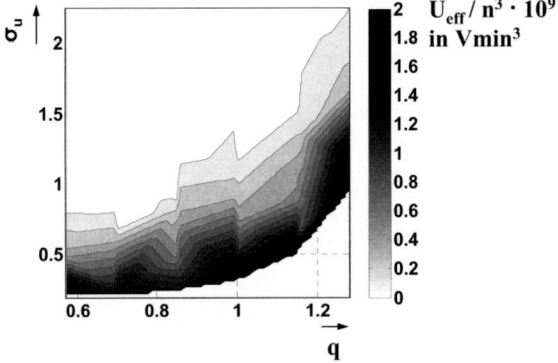

Abbildung 4-17: Drehzahlunabhängiges Kennfeld des an der Radialpumpe bei n = 1800 min^{-1} gemessenen Effektivwerts des Schallsignals

5. Integrierte Spaltmaßüberwachung

Im ersten Abschnitt des Kapitels werden die Auswirkungen des Dichtspaltverschleißes auf die Energieeffizienz und die Verfügbarkeit einer Pumpe dargelegt. Hieraus ergibt sich die generelle Notwendigkeit, den Dichtspaltverschleiß als eine die Effizienz einer Pumpe wesentlich beeinflussende Größe zu erfassen.

Es folgt der Stand der Forschung bei der Bestimmung des Verschleißzustandes von Dichtspalten in Kreiselpumpen. Im nächsten Teil des Kapitels werden sensitive Druckmesspositionen vorgestellt, die eine integrierte Spaltmaßüberwachung ermöglichen und Einflussparameter auf die Druckdifferenzen anhand von Messergebnissen an der Versuchspumpe werden erläutert. Modelle zur Beschreibung der Strömungsverhältnisse im Radseitenraum und im Dichtspalt werden im vierten Abschnitt dieses Kapitels behandelt, und es wird eine modellbasierte Methode zur Bestimmung des Verschleißzustandes vorgestellt.

Abschließend werden die Ergebnisse numerischer Strömungssimulationen dargestellt, die zur Optimierung der Positionierung der Drucksensoren zur modellbasierten Verschleißbestimmung dienen.

5.1. Aufgaben des Dichtspalts in Spiralgehäusepumpen

Der in Abbildung 5-1 schematisch dargestellte Spalt am Saugmund einer Radialpumpe hat die Grundfunktion, ein Mindestspiel zwischen dem feststehenden Gehäuse und dem rotierenden Laufrad einzuhalten. Der Dichtspalt erfüllt allerdings auch weitere Funktionen, die sich auf die Energieeffizienz und die Verfügbarkeit der Pumpe auswirken. Die Dimensionierung des Spaltes und die Einhaltung des festgelegten Spaltmaßes zur Erfüllung dieser Aufgaben sind daher von großer Bedeutung.

<u>Strömung im Radseitenraum</u>

Im *hinteren* (d.h. antriebsseitigen) Radseitenraum ohne Axialschubentlastungs-Maßnahmen entspricht das Laufrad einer rotierenden Scheibe in einem geschlossenen Gehäuse, d. h. ohne von außen aufgeprägte Durchströmung. Bei kleinem radialem Spalt zwischen dem Laufradaußenradius und dem zylindrischen Gehäusemantel und schmaler Breite zwischen der Laufradscheibe und dem Gehäuse bildet sich ein rotierender Kern mit einer vom Radius unabhängigen Winkelgeschwindigkeit aus (Starrkörperwirbel oder solid body vortex) [Sto01], [Bah00].

An der Laufradscheibe wird das Fluid aufgrund der Haftbedingung mit in Rotation versetzt, an der Gehäusewand wird das Fluid entsprechend abgebremst. Im Grenzfall eines sehr schmalen Radseitenraumes verschwindet der rotierende Kern und eine Scherströmung dominiert über die gesamte Spaltbreite. Aufgrund der mit kleiner werdendem Radius abnehmenden Fliehkraftwirkung und der konstanten Fluidwinkelgeschwindigkeit im undurchströmten Radseitenraum nimmt der statische Druck einen parabelförmigen Verlauf über den Radius ein.

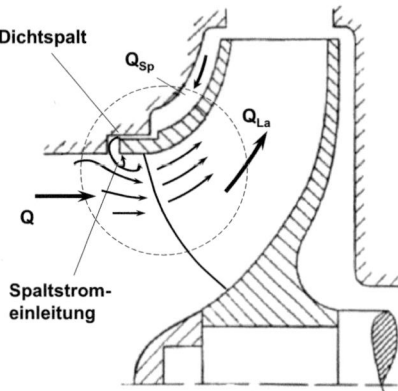

Abbildung 5-1: Strömungsverhältnisse im saugseitigen Radseitenraum radialer Kreiselpumpen

Bedingt durch die statische Druckdifferenz zwischen dem Laufradaustritt und dem Laufradeintritt wird der *vordere* Radseitenraum durch einen Teil des aus dem Laufrad geförderten Fluids durchströmt. Dieser Spaltvolumenstrom gelangt mit der Hauptströmung zurück ins Laufrad (siehe Abbildung 5-1). Durch die Überlagerung dieser von außen aufgeprägten Durchströmung auf die rotierende Radseitenraumströmung kann sich kein homogen rotierender Kern mehr ausbilden. Die Fluidwinkelgeschwindigkeit nimmt von dem Eintritt in den Radseitenraum zum Spalt hin zu (Prinzip der Drallerhaltung, allerdings mit Reibungsverlusten). Aufgrund der Vergrößerung der Winkelgeschwindigkeit findet daher im Vergleich zum undurchströmten Radseitenraum eine stärkere Druckabnahme im *durchströmten* Radseitenraum statt [Pfl05].

<u>Einfluss der Spaltweite auf die *Verfügbarkeit* der Pumpe</u>

Die Summe aller am Laufrad in axialer Richtung angreifender Kräfte wird als *Axialschub* bezeichnet. Der Betrag des Axialschubes bestimmt die Lagerdimensionierung bei der Auslegung und die Belastung im Pumpenbetrieb.

Er resultiert aus

- einer Impulskraft durch die Umlenkung des Fluids aus der axialen in eine radiale Richtung,
- den Druckkräften in den saugseitigen und druckseitigen Radseitenräumen,
- einer resultierenden Druckkraft aus dem statischen Druck vor dem Laufrad und dem Druck, der von außen auf den Wellenquerschnitt wirkt und

- sonstigen auftretenden Axialkräften z. B. bei vertikaler oder schräger Wellenlage.

Die Druckkräfte liefern bei Pumpen niedriger spezifischer Drehzahl den wesentlichen Beitrag zum Axialschub [Sto01]. Aufgrund der Druckkräfte in den Radseitenräumen entsteht eine resultierende Druckkraft zur Saugseite hin. Eine größere Spaltweite im durchströmten Radseitenraum ergibt einen größeren Spaltvolumenstrom, damit eine größere Winkelgeschwindigkeit und einen stärkeren Druckabbau. Spaltverschleiß führt folglich zu einer *Zunahme des Axialschubes*. Abbildung 5-2 stellt die auf das Laufrad in axialer Richtung wirkenden Drücke schematisch dar.

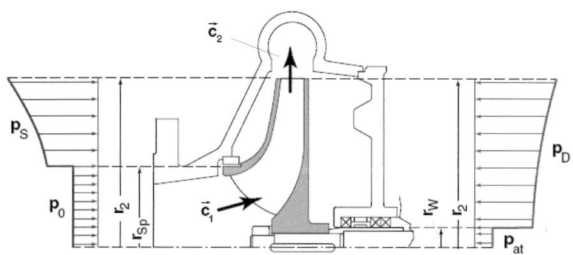

Abbildung 5-2: Drücke, die im Pumpenbetrieb in axialer Richtung auf das Laufrad wirken Quelle: [Bah00]

Auch das *Kavitationsverhalten* der Pumpe wird durch das Dichtspaltmaß beeinflusst: Je größer der Spalt, desto größer ist auch die Störung der Hauptströmung durch den eintretenden Leckagevolumenstrom.

Der Einfluss der Dichtspaltströmung auf die Kavitationseigenschaften von Pumpen wird z. B. in [Wag90] beschrieben. Weiterführende Untersuchungen zu den sekundären Auswirkungen des Spaltstromes auf das Förderverhalten von Pumpen werden in [Lud92] behandelt. Das Kavitationsverhalten ist demnach günstiger, wenn das Spaltmaß klein ist.

Abbildung 5-3 zeigt das Ergebnis der Abreißmessungen an der für die vorliegende Arbeit eingesetzten radialen Versuchspumpe bei verschiedenen Volumenströmen und Spaltweiten.

Wird die verfügbare Druckenergie einer Anlage schrittweise reduziert (erkennbar am Absinken des NPSH-Werts[9]), dann ist die Pumpe in ihrer Funktion so lange unbeeinträchtigt (sprich die Förderhöhe bleibt so lange konstant), wie ein gewisses Ausmaß an Kavitation nicht überschritten wird. Erst wenn dieser Kavitationsgrenzwert erreicht wird, nimmt die Förderhöhe und somit die Güte der Fluidförderung ab. Die Förderhöhe fällt solange ab, bis schließlich der Schaufelkanal so stark mit Dampf gefüllt ist, dass die Strömung abreißt.

---

[9] Die Definition des NPSH-Wertes ist in Kapitel 4, Gleichung 4-9 zu finden.

Der Vergleich der Abreißkurven für verschiedene relative Spaltweiten zeigt, dass dieser Strömungsabriss im Falle großer Spalte bei höheren NPSH-Werten stattfindet. Anders ausgedrückt bedeutet das, dass eine Pumpe mit weitem Dichtspalt eine höhere Druckenergie benötigt, um kavitationsfrei zu arbeiten, als die gleiche Pumpe mit engem Spalt. Spaltverschleiß erhöht somit die *Kavitationsanfälligkeit* einer Pumpe.

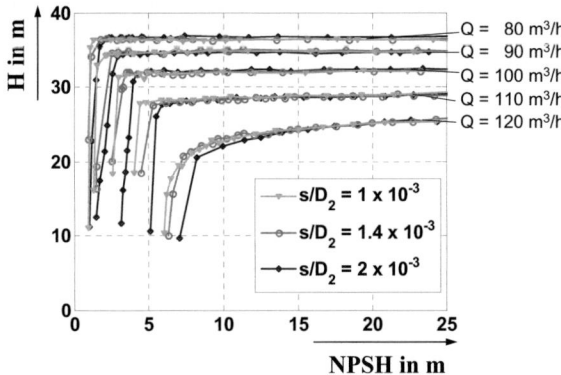

Abbildung 5-3: Abreißkurven der im Rahmen dieser Arbeit eingesetzten radialen Versuchspumpe für verschiedene Spaltweiten, gemessen bei einer Drehzahl von n = 1800 min^{-1}

Schließlich wirkt der Spalt noch als *hydrodynamisches Lager*, welches Kräfte in radialer Richtung aufnehmen kann. Um diese Funktion erfüllen zu können, muss die Spaltströmung von viskosen Effekten dominiert sein, denn dadurch erhält das Fluid eine ausreichend hohe „Steifigkeit", um eine Auslenkung des Rotors aus seiner Mitte auszugleichen. Abbildung 5-4 stellt die asymmetrische Druckverteilung, die bei einer exzentrischen Auslenkung entsteht, und die nach LOMAKIN resultierende Radialkraft, die stabilisierend entgegen der Exzentrizität wirkt [Tra04], dar.

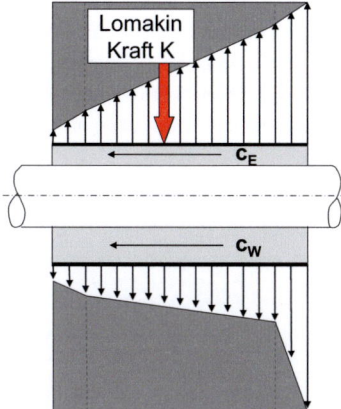

Abbildung 5-4: Druckverlauf und Lomakin-Kraft im Dichtspalt [Tra04]

Je größer die Reynoldszahl im Spalt ist, desto geringer ist allerdings diese Stützwirkung. Bei sehr hohen Reynoldszahlen tritt sogar ein gegenteiliger Effekt auf: Anstatt eine auftretende Exzentrizität auszugleichen, erhöht der Spalt die Auslenkung aus der Mitte (Bernoulli-Effekt oder Trägheitseffekt) [Bre94]. Findet eine Auslenkung des Rotors aus der Mittelposition statt, erhöht sich die Geschwindigkeit in den Spaltregionen, in denen eine Verengung stattgefunden hat. Nach Bernoulli sinkt der Druck an diesem Ort, die resultierende Radialkraft im Spalt verstärkt die Exzentrizität.

Dichtspaltverschleiß wiederum geht mit steigender Reynoldszahl einher und bedeutet folglich eine *Abnahme der stützenden Wirkung* des Spaltes. Dies führt zu einer zusätzlichen Beanspruchung der Wellenlagerung sowie zu einer thermischen Belastung der dynamischen Dichtungen.

<u>Einfluss der Spaltweite auf die *Energieeffizienz* bzw. auf den Wirkungsgrad der Pumpe</u>

Der Spaltstrom kann als interne Leckage angesehen werden, die mit einem nicht zu vermeidenden volumetrischen Verlust einhergeht. Bei einstufigen Spiralgehäusepumpen kann dieser Spaltvolumenstrom Q_{Sp} bis zu 12% des Nennvolumenstroms Q ausmachen [Bah00]. Um einen hohen volumetrischen Wirkungsgrad zu erzielen, sind geringe Leckagevolumenströme und daher enge Spaltweiten anzustreben. Durch die enge Spaltweite erhöhen sich jedoch die Fluidreibung im Radseitenraum und somit auch die Radreibungsverluste. Diese können bis zu 25% der Nutzleistung betragen [Bah00].

Die Gegenüberstellung der Auswirkungen dieser beiden Verlustanteile auf die Gesamteffizienz der Pumpe zeigt allerdings, dass der Vorteil der niedrigen Leckage bei einem engen Spalt den Nachteil der höheren Reibung mehr als kompensiert [Tam02].

Weiterhin fallen bei engen Dichtspalten die mechanischen Reibungsverluste in den Lagern aufgrund des geringeren Axialschubes kleiner aus. Schließlich besitzt der Spaltvolumenstrom beim Austritt aus dem Dichtspalt einen starken Mitdrall, der zu einem Abfall der Förderhöhe und des Wirkungsgrades führt. Ein großer Spalt bedeutet somit eine stärkere Drallzunahme im Radseitenraum und daher einen niedrigeren Wirkungsgrad als der eines engen Spaltmaßes im gleichen Betriebspunkt.

Abbildung 5-5 belegt den positiven Einfluss eines engen Spaltmaßes auf den Gesamtwirkungsgrad anhand des Vergleichs des für drei verschiedene Spaltweiten gemessenen Wirkungsgradverlaufs der Versuchspumpe.

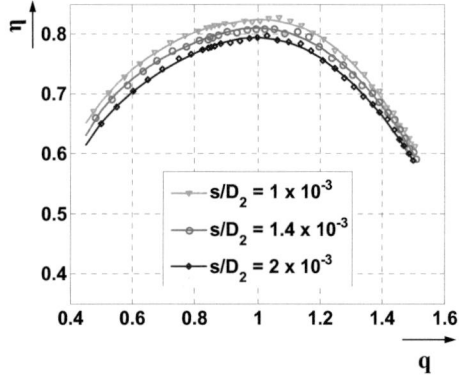

Abbildung 5-5: Einfluss der Spaltweite auf den Verlauf des Pumpenwirkungsgrads, gemessen für eine Drehzahl $n = 2000$ min^{-1}

Aufgrund der genannten Vorteile (kleinerer Axialschub, gutes Kavitationsverhalten, radiale Stützwirkung, besserer Wirkungsgrad) werden enge Spaltmaße in Pumpen angestrebt. Diesen Vorteilen steht allerdings der Nachteil eines hohen Fertigungsaufwandes gegenüber. Typische Spaltweiten kommerzieller Pumpen betragen je nach Baugröße nach [För82] und [Sur66] 0,1 bis 0,4 mm und für optimal ausgelegte Pumpen nach [Lau94] circa das $1,25 \times 10^{-3}$-fache des äußeren Saugmunddurchmessers.

Zusätzlich zu den bereits genannten Effekten kommt es durch die Einwirkung des Spaltvolumenstroms im laufenden Betrieb zum sogenannten Strahlverschleiß. Diese Abnutzung entsteht hauptsächlich an der Eintrittskante und an der Innenoberfläche des Dichtungsringes. Im Fluid mitgeförderte Feststoffanteile können zu einer Aufrauung der Innenoberfläche in Strömungsrichtung führen. Neben der konzentrischen Vergrößerung des Durchmessers können sich auch exzentrische Veränderungen des Durchmessers ergeben und sich somit konische Innenflächen ausbilden [För82].

Die Untersuchungen im weiteren Teil dieser Arbeit beschränken sich auf den Fall eines konzentrischen Verschleißes des Dichtspaltes, die hier vorgestellten Ansätze können jedoch in Folgearbeiten auf weitere Verschleißarten übertragen werden.

5.2. Stand der Forschung zur Spaltmaßbestimmung

In kommerziellen Pumpsystemen ist die Detektion einer Spaltmaßänderung derzeit noch nicht implementiert. Auf Forschungsebene gibt es jedoch einige Fehlererkennungssysteme, die in der Lage sind, die charakteristischen Fehlermerkmale eines verschlissenen Dichtspaltes wiederzuerkennen [Gei85], [Nol91], [Ise94], [Haw97], [Wol02]. In diesen Arbeiten wird modellbasiert vorgegangen.

Zur Ableitung und Definition der Fehlermerkmale wird der Verschleißzustand des Spaltes bzw. die Zuname des Leckagevolumenstroms bei Verschleißzunahme oftmals durch Öffnen eines Bypasses simuliert. Die Auswirkung dieser simulierten Spaltmaßänderung auf die Prozessparameter wird dokumentiert, sodass ein „Fingerabdruck" des Fehlerzustandes erstellt wird.

Mit der gleichen Vorgehensweise wird daraufhin untersucht, ob das System die Fehlersymptome richtig wiedererkennen kann. Bei der Generierung der Fehlermerkmale wird die Änderung der Prozesskoeffizienten dabei zum Teil auch in Abhängigkeit der Spaltweite und des Volumenstroms dokumentiert [Ise94]. Allerdings erfolgt die Fehlererkennung meist für zwei diskrete Zustände, den „Referenzzustand" und den „Verschleißzustand", (nur in [Nol91] erfolgt sie für drei Zustände „fehlerfrei", „geringe Spaltmaßänderung" und „starke Spaltmaßänderung").

Die Abgrenzung der Verschleißstufen erfolgt durch Schwellwerte, welche den Grad an geduldetem Verschleiß vor Einleitung einer Maßnahme (z. B. Warnanzeige), vorgeben. Eine allgemeingültig sinnvolle Festlegung von Schwellwerten aus den ermittelten Fehlermerkmalen ist derzeit in der Literatur noch nicht erfolgt.

Eine Ausnahme bildet hier die Verschleißbestimmung am Entlastungskolben in AENIS [Aen02] und [But09]. Der Verschleißzustand wird hier über die Veränderung der modalen Parameter infolge des Fehlers bestimmt. Durch das von AENIS bereitgestellte FEM-Modell müssen dabei nicht mehr alle Fehler vorher auf dem Prüfstand vermessen werden, sondern können rein in der Simulation erzeugt werden. So ist AENIS z. B. in der Lage, die Parameter eines 50%-igen Kolbenverschleißes und die eines 100%-igen Kolbenverschleißes zu simulieren bzw. zu definieren. Eine experimentelle Validierung dieser simulierten Werte müsste allerdings für verschiedene Abnutzungsstufen durchgeführt werden, um eine Aussage über die Genauigkeit der Methode machen zu können.

FÖRSTER [För82] führte eine Vielzahl experimenteller Untersuchungen durch, um einen geeigneten Diagnoseparameter zur Bestimmung der Abnutzung des Dichtspaltes zu ermitteln. Die Spaltgeometrie wurde über austauschbare Spaltringe eingestellt, dabei wurden der Durchmesser des Spaltes, die Form der Eintrittskante, die Oberflächenrauhigkeit des Dichtringes sowie Konizität und Exzentrizität des axialen Ringspaltes variiert. Die Auswertung verschiedener charakteristischer Größen (Schwingungen, Druckdifferenz, Wirkungsgrad, Erhöhung der Lagertemperatur) über die Spaltweite führte ihn zu dem Ergebnis, dass ein eindeutiger Zusammenhang ausschließlich zwischen Spaltgeometrie und der Messgröße *Druckdifferenz* besteht. Weiterhin stellte FÖRSTER fest, dass die Messung nicht zwingend unmittelbar am Spalt erfolgen muss und schlug vor, Modelle der Radseitenraumströmung mit Druckmessungen zu kombinieren, um den Abnutzungszustand des Dichtspaltes zu bestimmen. Wegen der Einfachheit der Methode für den Anwender und dem niedrigen messtechnischen und finanziellen Aufwand, der im Pumpenbetrieb für eine Verschleißbestimmung erforderlich ist, wurde der von FÖRSTER eingeschlagene Weg im Rahmen dieser Arbeit weiter erforscht.

5.3. Kennfelderstellung zur Spaltmaßbestimmung

5.3.1. Lage der untersuchten Messstellen

Wie in Abschnitt 5.1 erläutert, hängen die Druckverhältnisse im Radseitenraum und im Spalt mit der Größe des Spalts zusammen. Daher werden in den nachfolgenden Untersuchungen folgende Drücke erfasst: Der Druck am Radseitenraumeintritt (Messstelle RSR) auf einer relativen Radiushöhe von $r/r_2 = 125/130$; der Druck am Radseitenraumaustritt bzw. am Spalteintritt (Messstelle Spalt,ein) auf einer relativen Radiushöhe von $r/r_2 = 73/130$; der Druck am Spaltaustritt (Messstelle Spalt,aus) auf einer relativen Radiushöhe von $r/r_2 = 79/130$ und schließlich der Druck am Pumpeneintritt (Messstelle Ein), da er für die Förderhöhenbestimmung ohnehin erfasst werden muss.

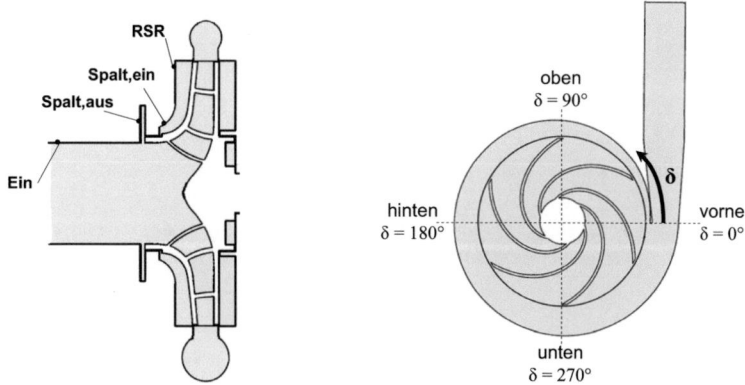

Abbildung 5-6: Lage und Bezeichnung der untersuchten Druckmesspositionen

In Kapitel 3.1 wurde bereits auf die asymmetrischen Druckverhältnisse im Spiralgehäuse bei Betriebspunkten, die vom Auslegepunkt abweichen, eingegangen. Daher werden die Druckmessstellen an jeweils vier verschiedenen, um neunzig Grad versetzten Positionen entlang des Umfangs angebracht: „oben", „unten", „vorne" und „hinten". Abbildung 5-6 zeigt die Lage der verwendeten Druckmessstellen.

Um unterschiedliche Spaltweiten einzustellen bzw. um einen konzentrischen Verschleiß des Dichtspalts zu simulieren (siehe Kapitel 2.1), wurden bei den experimentellen Untersuchungen verschiedene Spaltringe verwendet,

5.3.2. Einflussgrößen auf die Spaltmaßbestimmung

Vergleich der Messpositionen im Nennbetriebspunkt

Es wurden die Drücke für unterschiedliche Spaltweiten im Bestpunkt bei Nenndrehzahl gemessen und charakteristische Druckdifferenzen gebildet. Bei diesen Messungen wurden die Drücke der vier Umfangsmesspositionen „unten", „oben", vorne" und „hinten" umfangsgemittelt erfasst. Abbildung 5-7 zeigt den Zusammenhang der ausgewerteten Druckdifferenzen zum eingestellten relativen Spaltmaß.

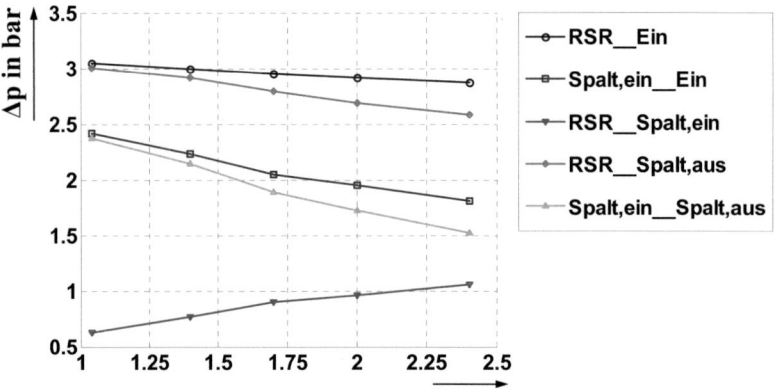

Abbildung 5-7: Über vier Umfangsmessstellen gemittelte Druckdifferenz über die relative Spaltweite, gemessen für verschiedene Messpositionen bei einer Drehzahl von n = 2000 min^{-1} und $Q = Q_{opt}$

Die Druckdifferenz zwischen dem Radseitenraumeintritt und dem Pumpeneintritt (RSR_Ein) zeigt einen fallenden Verlauf mit zunehmender Spaltweite. Bei gleichem Durchfluss Q zum Endverbraucher bedeutet ein größerer Spalt, dass der intern zirkulierende Leckageanteil höher ist. Die Erhöhung der Fluidwinkelgeschwindigkeit ist bei einem weiten Spalt größer und der stärkere Mitdrall des Spaltvolumenstroms, der vor das Laufrad eingeleitet wird, bewirkt eine kleinere Druckerzeugung des Laufrads, verglichen mit einer Druckerhöhung bei einem engen Spalt.

Das erklärt ebenfalls den Verlauf der Druckdifferenz zwischen dem Spalteintritt und dem Pumpeneintritt (Spalt,ein_Ein), mit dem Unterschied, dass die Druckdifferenz aufgrund des Druckabfalls im Radseitenraum betragsmäßig geringer ausfällt.

Die Druckdifferenzen zwischen Spaltein- und -austritt (Spalt,ein_Spalt,aus) sowie zwischen Radseitenraumeintritt und Spaltaustritt (RSR_Spalt,aus) nehmen ebenfalls bei größerem Spaltmaß ab, da die Drosselwirkung geringer ist. Der Spaltdurchfluss steigt an und die statische Druckdifferenz nimmt entsprechend ab.

Die Differenz des statischen Drucks zwischen Radseitenraumein- und -austritt (RSR_Spalt,ein) nimmt hingegen mit der Spaltweite zu. Die Erklärung dafür ist, dass die Winkelgeschwindigkeit des Fluids im Radseitenraum nach innen hin zunimmt. Und zwar ist diese Zunahme umso stärker, je größer das Spaltmaß ist (siehe Abschnitt 5.1, [Tam02] und [Mün99]). Die statische Druckdifferenz im Radseitenraum ist demnach umso größer, je weiter der Spalt ist.

Um die Messpositionen bezüglich ihrer Eignung zur Spaltmaßüberwachung besser vergleichen zu können, wird in Abbildung 5-8 die Änderung der Druckdifferenz gegenüber dem *Ausgangszustand* des Spaltes über das relative Spaltmaß aufgetragen. Die größte absolute Druckdifferenzänderung zum Referenzzustand kann demnach bei einer Messung der Druckdifferenzen über den Spalt (Spalt,ein_Spalt,aus) festgestellt werden. Eine ebenfalls sensitive Messgröße zur Feststellung des Verschleißzustandes des Dichtspalts ist die Druckdifferenz im Radseitenraum.

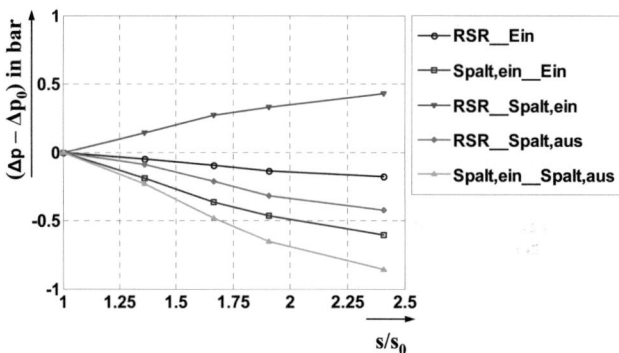

Abbildung 5-8: Änderung der gemessenen Druckdifferenz zum verschleißfreien Zustand des Dichtspalts über die relative Spaltweite, für verschiedene Messpositionen bei einer Drehzahl von $n = 2000$ min^{-1} und $Q = Q_{opt}$ umfangsgemittelt gemessen

Die hier *bei konstantem Betriebspunkt* gemessenen Druckdifferenzen Δp hängen allerdings nicht nur vom Spaltmaß s, sondern auch vom Volumenstrom Q und von der Drehzahl n (bzw. von der Umfangs-Reynoldszahl im Spalt Re_u) ab. Abbildungen 5-9 bis 5-13 zeigen die dimensionslosen Druckziffern[10] über dem relativen Volumenstrom für zwei verschiedene Spaltweiten und drei unterschiedliche Drehzahlen an verschiedenen Messpositionen. Bei diesen Messungen wurden die Drücke der vier Umfangsmesspositionen „unten", „oben", „vorne" und „hinten" umfangsgemittelt erfasst.

---

[10] Die Druckziffer wurde nach Gleichung 3.14 (Kapitel 3.4.1.) gebildet

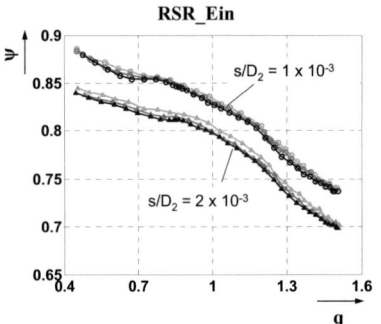
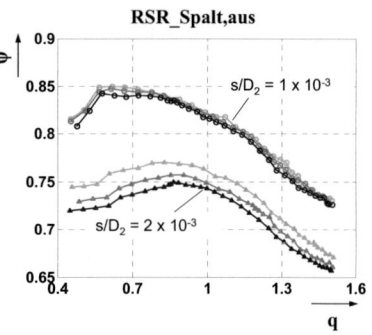

Abbildung 5-9: Druckziffer über dem relativen Volumenstrom für verschiedene Spaltweiten und Reynoldszahlen an der Messposition RSR_Ein

Abbildung 5-10: Druckziffer über dem relativen Volumenstrom für verschiedene Spaltweiten und Reynoldszahlen an der Messposition RSR_Spalt,aus

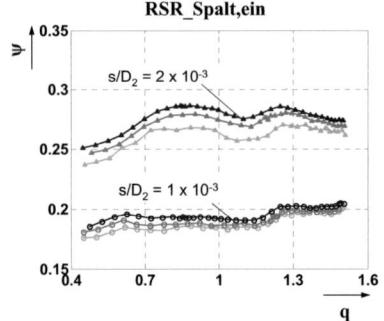
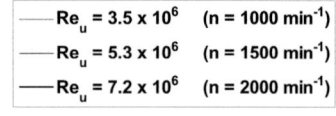
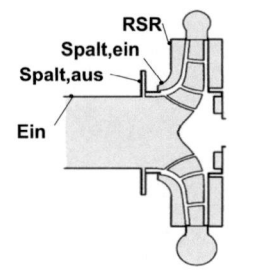

Abbildung 5-11: Druckziffer über dem relativen Volumenstrom für verschiedene Spaltweiten und Reynoldszahlen an der Messposition RSR_Spalt,ein

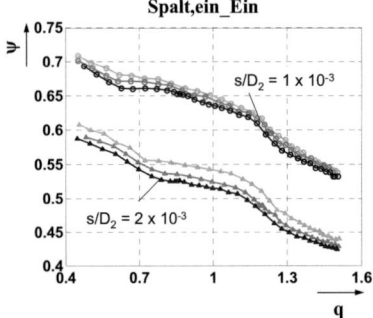
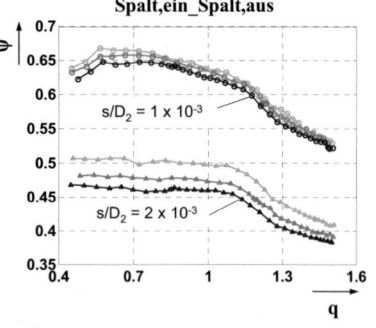

Abbildung 5-12: Druckziffer über dem relativen Volumenstrom für verschiedene Spaltweiten und Reynoldszahlen an der Messposition Spalt,ein_Ein

Abbildung 5-13: Druckziffer über dem relativen Volumenstrom für verschiedene Spaltweiten und Reynoldszahlen an der Messposition Spalt,ein_Spalt,aus

Abhängigkeit der Druckziffer ψ vom relativen Volumenstrom q

Es wird zunächst der Fall konstanter Spaltweite und Reynoldszahl angenommen und die Abhängigkeit der Druckziffer vom Durchfluss betrachtet.

Die Ursache für die Abhängigkeit der Druckziffer vom relativen Volumenstrom liegt bei den Messungen, die „über das Laufrad" erfolgen, im Verlauf der Förderhöhenkennlinie (siehe Kapitel 3.1). Das betrifft die Druckunterschiede an den Positionen RSR_Ein und RSR_Spalt,aus.

Bei den anderen Messpositionen kann die Abhängigkeit der Druckziffer vom relativen Volumenstrom folgendermaßen erklärt werden: Bei höherem Durchfluss nimmt der Leckagevolumenstrom leicht ab ([Mün99] und [Tam02]). Ein kleinerer Spaltvolumenstrom bewirkt einen geringeren Druckabfall über dem Spalt (siehe die Messpositionen Spalt,ein_Spalt,aus und Spalt,ein_Ein) und im Radseitenraum entsprechend einen größeren Druckabbau (siehe die Messposition RSR_Spalt,ein) bei zunehmenden Volumenstrom.

Die Druckziffer zeigt daher an allen Messstellen eine deutliche Abhängigkeit zum relativen Volumenstrom und es gilt $\psi = f(q)$.

Abhängigkeit der Druckziffer ψ von der relativen Spaltweite s/D_2

Wie bereits für den Bestpunkt in Abschnitt 5.1 erläutert wurde, bewirkt ein größerer Dichtspalt einen *höheren Mitdrall* vor dem Laufrad und somit eine kleinere Druckerhöhung über das Laufrad. Da diese Überlegung für jeden Betriebspunkt gilt, verschieben sich die Kurvenscharen an den Messstellen RSR_Ein und RSR_Spalt,aus für große Spaltweiten gegenüber denen der kleinen Spalte nach unten. Wegen der geringeren Drosselwirkung verschieben sich auch die Kurvenscharen der Messpositionen Spalt,ein_Ein und RSR_Spalt,ein nach unten (bzw. im Radseitenraum nach oben).

Lediglich die Messungen am Spaltaustritt (RSR_Spalt,aus und Spalt,ein_Spalt,aus) zeigen ein etwas anderes Verhalten. Wegen der Überlagerung des hohen Dralls mit starken Teillastrezirkulationen am Laufradeintritt führt die Messung am Spaltaustritt eines großen Spalts neben einer Parallelverschiebung der Kurvenverläufe zusätzlich zu einem Abknicken der Druckziffer in starker Teillast.

Die im Betrieb gemessene Druckziffer ist demzufolge auch Spaltmaßabhängig, so dass gilt $\psi = f(q,s)$.

Abhängigkeit der Druckziffer ψ von der Umfangs-Reynoldszahl Re_u

Abbildungen 5-9 bis 5-13 zeigen, dass bei gleichem Spaltmaß s und Betriebspunkt q ein Druckziffernunterschied, bedingt durch verschiedene Reynoldszahlen, vorliegt. Dieses Ergebnis ist nicht in Übereinstimmung mit den Erkenntnissen von FÖRSTER [FÖR82], die besagen, dass Drehzahlabsenkungen bis zu 64% der Nenndrehzahl einen geringen Einfluss auf die Druckziffer im Radseitenraum in affinen Betriebspunkten haben.

Bei der Betrachtung der Messergebnisse erscheint es zunächst überraschend, dass die Druckziffernverläufe (bis auf die Druckziffer im Radseitenraum) einen *umgekehrte*n Effekt zum bekannten Einfluss bei Verletzung der Reynoldszahlgleichheit auf die Förderhöhenkennlinie haben: Bei den Förderhöhenkennlinien sind die Druckziffern bei *hohen* Reynoldszahlen am *höchsten*. Bei einer ausreichend hohen Reynoldszahl kann davon ausgegangen werden, dass die Verläufe sich nicht mehr unterscheiden. In den vorliegenden Verläufen sind meist die Druckziffern bei *hohen* Reynoldszahlen am *niedrigsten*.

Wie in Kapitel 3.4.2 erläutert wurde, handelt es sich bei den Unterschieden der (Förderhöhen-) Druckziffern um Verluste, die unter anderem auf Reibung zurückzuführen sind. Die theoretisch erreichbare (Förderhöhen-)Druckziffer wird demnach um einen Druckverlustanteil *vermindert*, der bei niedriger Reynoldszahl höher ausfällt.

Im Spalt hingegen stellt die (Spalt-)Druckziffer den dimensionslosen Druckverlust über den Spalt dar. Ein höherer Reibungsverlust im Spalt (verursacht durch eine niedrigere Reynoldszahl) führt daher zu einer *Erhöhung* des Druckverlustes.

Bei den betrachteten Messstellen liegen die Verläufe der Druckziffern über den Durchfluss bei kleineren Reynoldszahlen daher höher als die Verläufe bei großen Reynoldszahlen. Einzige Ausnahme ist die Druckzifferndifferenz im Radseitenraum: nach dem Drallsatz würde sich der Eintrittsdrall im Radseitenraum bei abnehmenden Radius proportional zu $1/r$ vergrößern, aufgrund der Reibungsverluste ist die Drallerhöhung allerdings geringer. Es kann dennoch vorkommen, dass die Fluidwinkelgeschwindigkeit die Winkelgeschwindigkeit des Laufrades übersteigt und den Rotor somit antreibt [Sto01] und [Pfl05]. Bei einer *kleineren Reynoldszahl* ist die Drallzunahme aufgrund erhöhter Reibungsverluste geringer und entsprechend *kleiner ist auch der Druckabbau* im Radseitenraum. Daher liegen an den Messstellen RSR_Spalt,ein die höchsten Druckziffern bei den höchsten Reynoldszahlen vor.

Es fällt abschließend noch auf, dass sich an allen Messstellen der oben diskutierte Reynoldseinfluss bei einem großen Spalt wesentlich stärker als bei einem kleinen Spalt auswirkt.

Durch dessen Abhängigkeit vom *Volumenstrom* und der *Drehzahl* ist demzufolge aus einer Information über die Druckdifferenz alleine keine klare Zuordnung zu einem Spaltmaß möglich. Die eindeutige Zuordnung des Spaltmaßes erfordert demnach ein vierdimensionales Kalibrierungskennfeld $s = f(\Delta p, n, Q)$.

Die Erstellung eines solchen Kennfeldes erfordert die Aufzeichnung der Druckdifferenz über dem Volumenstrom bei verschiedenen Drehzahlen für ein Spaltmaß, dann den Prüfstandsumbau mit einer Spaltmaßänderung (z. B. durch Abdrehen des Laufrades oder Austausch eines Dichtspaltes) und die erneute Messung des Druckdifferenzkennfeldes. Je kleiner die Schritte bei der mechanischen Spaltmaßbearbeitung, desto genauer ist die Extrapolation des Spaltes im laufenden Betrieb aus den Größen Druck, Volumenstrom und Drehzahl.

Der Aufwand, der bei einer kennfeldbasierten Vorgehensweise entsteht, ist folglich sehr groß und steht vermutlich nur im Ausnahmefall in einem vernünftigen Verhältnis zum Nutzen, den man hierbei erzielen kann.

Es ist daher sinnvoll, einen modellbasierten Weg zu verfolgen. Die Modelle der Spalt- und Radseitenraumströmung gelten allerdings für den *Auslegepunkt* der Pumpe, bei dem eine rotationssymmetrische Strömung über dem Spiralumfang vorliegt (siehe Abschnitt 3.1). Um eine Aussage zum Verschleißzustand im laufenden Betrieb machen zu können (also auch bei Betriebspunkten, die vom Auslegepunkt abweichen), muss zunächst diejenige Umfangsmessposition identifiziert werden, die am wenigsten dem Sporneinfluss unterliegt bzw. deren Druckdifferenz im Betrieb am wenigsten von der Druckdifferenz im Auslegepunkt abweicht.

5.4. Modellbasierter Ansatz zur Spaltmaßbestimmung

5.4.1. Bestimmung einer volumenstromunabhängigen Umfangsmessposition

Die mittlere relative Abweichung der betriebspunktabhängigen Druckdifferenz Δp zur homogenen Druckdifferenz im Optimum Δp_{opt} wird für die Umfangsmesspositionen „vorne", „hinten", „oben" und „unten" (siehe Abbildung 5.6) an allen radialen Positionen nach Gleichung 5-1 berechnet, wobei N die Anzahl der Betriebspunkte ist.

$$\Delta p_{rel,mean} = \frac{1}{N} \sum_{i=1}^{N} \frac{\Delta p_i - \Delta p_{opt}}{\Delta p_{opt}} \qquad (5\text{-}1)$$

Das Ergebnis ist in Tabelle 5-1 aufgeführt.

Tabelle 5-1: Mittlere relative Abweichung der Druckdifferenz im Bereich $0{,}5 \leq q \leq 1{,}5$ zur Druckdifferenz im Optimum für verschiedene Radial- und Umfangsmesspositionen

Messposition	Mittlere relative Abweichung $\Delta p_{rel,mean}$ [%]				Maximaler Unterschied über den Umfang in Prozentpunkten
	vorne $\delta = 0°$	oben $\delta = 90°$	hinten $\delta = 180°$	unten $\delta = 270°$	
RSR_Spalt,ein	1,44	2,50	4,00	5,38	3,94
RSR_Spalt,aus	3,92	5,09	5,28	5,29	1,37
RSR_Ein	4,42	5,60	5,65	5,85	1,43
Spalt,ein_Spalt,aus	5,07	6,19	8,69	9,07	4,00
Spalt,ein_Ein	5,98	6,84	9,08	9,67	3,69

Es wird deutlich, dass die Messposition „vorne" ($\delta = 0°$) an allen betrachteten Messpositionen die geringste Abweichung zu den Druckverhältnissen im Bestpunkt besitzt.

Ein Vergleich der Werte der Messstelle „vorne" für die verschiedenen radialen Positionen zeigt, dass die Druckdifferenz im *Radseitenraum* (RSR_Spalt,ein) mit Abstand die geringsten Unterschiede zum Bestpunkt aufweist (1,44%). Die Ursache für diesen niedrigen Unterschied zum Druck im Bestpunkt ist darin zu suchen, dass die Druckveränderungen lediglich aus der asymmetrischen Druckverteilung in Umfangsrichtung stammen.

Bei der Druckdifferenz zwischen dem *Radseitenraumeintritt* und dem *Spaltaustritt* (RSR_Spalt,aus) hingegen kommt es zu einem Überlagerungseffekt. Hier wird die Druckdifferenz nicht nur durch die Asymmetrie der Strömung für Volumenströme jenseits des Optimums hervorgerufen, sondern sie wird auch direkt durch die Druckerhöhung des Laufrads beeinflusst. Der Volumenstrom ist bei diesem zweiten Effekt proportional zur Druckdifferenz. Aus diesem Grund fallen die Schwankungen der Druckdifferenz zwischen dem Radseitenraumeintritt und der Eintrittsmessstelle (RSR_Ein) mit 4,42% besonders hoch aus.

Interessanterweise ändern sich an dieser Messposition die Abweichungen an den Messstellen „oben", „unten", „vorne" und „hinten" wenig über dem Spiralumfang: Die maximale Änderung beträgt lediglich 1,43 Prozentpunkte. Da der Eintrittsdruck sich nur wenig mit dem Volumenstrom ändert, muss sich demzufolge auch der *Absolutdruck am Radseitenraumeintritt* über den Umfang verglichen mit den anderen Messpositionen wenig mit dem Volumenstrom ändern.

Die Druckdifferenz zwischen *Radseitenraumeintritt* und dem *Spaltaustritt* (RSR_Spalt,aus) schwankt mit 1,37 Prozentpunkten ebenfalls nur sehr wenig über den Umfang der Leiteinrichtung. Daraus folgt, dass der Druck am *Spaltaustritt* sich ebenfalls nur wenig mit dem Durchfluss ändert.

Die größten Unterschiede in der Umfangsverteilung werden bei den Druckdifferenzen zum *Radseitenraumaustritt* bzw. zum Spalteintritt festgestellt (RSR_Spalt,ein; Spalt,ein_Spalt,aus und Spalt,ein_Ein). Die Vermutung liegt nahe, dass die Asymmetrie am Radseitenraumeintritt sich zum Radseitenraumaustritt hin (relativ zum jeweiligen Druckmittelwert) verstärkt. Die numerischen Simulationsergebnisse in Abschnitt 5.5 bekräftigen diese Hypothese.

Für die modellbasierte Betrachtung werden lediglich die Druckdifferenzen im Radseitenraum (RSR_Spalt,ein) und über den Spalt (Spalt,ein_Spalt,aus) als Messgrößen benötigt, da nur diese Druckdifferenzen in die existierenden Modelle eingehen. Die graphische Darstellung der Verläufe der relativen Abweichungen über den Betriebspunkt an diesen Positionen veranschaulicht, dass die Messstelle „vorne" die geringste Druckdifferenzschwankung über den Volumenstrom besitzt (siehe Abbildung 5-14 und Abbildung 5-15). Dieses Ergebnis stimmt gut mit den in [Mün99] und [För82] vorgestellten Ergebnissen überein.

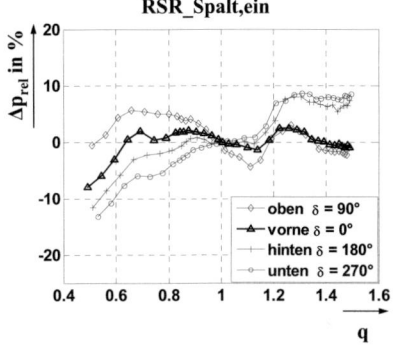 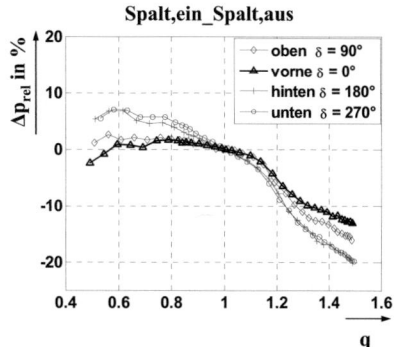

Abbildung 5-14: Relative Abweichung der Druckdifferenz zur Druckdifferenz im Bestpunkt über den relativen Volumenstrom für verschiedene Umfangsmesspositionen im *Radseitenraum*

Abbildung 5-15: Relative Abweichung der Druckdifferenz zur Druckdifferenz im Bestpunkt über den relativen Volumenstrom für verschiedene Umfangsmesspositionen über den *Dichtspalt*

Um die Genauigkeit der modellbasierten Verschleißbestimmung zu erhöhen, wurde für die nachfolgenden Untersuchungen der zulässige Betriebsbereich auf $0{,}8 \leq q \leq 1{,}2$ beschränkt. Denn außerhalb dieses Bereiches (siehe Abbildung 5-14 und 5-15) ist zu erwarten, dass die Abweichung der Druckdifferenzen zu den rotationssymmetrischen Verhältnissen im Bestpunkt zu groß sind und für die hier durchzuführende Untersuchung zu unbrauchbaren Ergebnissen führen würde. An der vorderen Messposition führte diese Maßnahme zu den Ergebnissen aus Tabelle 5-2. Es zeigt sich, dass die Abweichungen über den Dichtspalt deutlich reduziert werden können.

Tabelle 5-2: Mittlere relative Abweichung der Druckdifferenz zu derjenigen Druckdifferenz im Betriebs-Optimum in *zwei verschiedenen Betriebsbereichen*. Messstelle „vorne" für die Messungen im Radseitenraum und über den Dichtspalt

Messposition (vorne)	Mittlere relative Abweichung [%]	
	$0{,}5 \leq q \leq 1{,}5$	$0{,}8 \leq q \leq 1{,}2$
RSR_Spalt,ein	1,44	1,12
Spalt,ein_Spalt,aus	5,07	1,12

Durch die Wahl der Druckdifferenzmessung an der Position „vorne" und der Einschränkung des zulässigen Betriebsbereichs auf $0{,}8 \leq q \leq 1{,}2$ unterscheiden sich die gemessenen Werte wenig von den Drücken im Bestpunkt (die Abweichung beträgt im Mittel 1,12%). Dadurch dass die Messgrößen sich wenig über den Betriebsbereich ändern, können die für eine rotationssymmetrische Strömung geltenden Modelle der Radseitenraumströmung verwendet werden, obwohl in diesem Betriebsbereich durch den Spiraleinfluss eigentlich asymmetrische Strömungsverhältnisse vorliegen.

5.4.2. Verwendete Modelle zur Beschreibung der Strömungsvorgänge

Nachdem sichergestellt wurde, dass die Messpositionen im betrachteten Betriebsbereich Drücke liefern, die einer rotationssymmetrischen Strömung im Radseitenraum weitestgehend entsprechen und somit die Bedingung für die Gültigkeit der Radseitenraummodelle als erfüllt betrachtet werden kann, wird im folgenden Abschnitt auf die verwendeten Modelle eingegangen.

<u>Beschreibung des Gesamtmodells</u>

Das Gesamtmodell besteht aus den Teilmodellen „Radseitenvorraum-Modell", „Spaltmodell" und „Radseitenraummodell". Die Teilmodelle sind wie in Abbildung 5-16 dargestellt miteinander verknüpft. Die Implementierung des Modells erfolgte mit dem Softwarepaket Matlab der Firma Mathworks.

Folgende sind die *Eingangsgrößen* für das Gesamtmodell:

- Der Startwert für die iterative Berechnung des Spaltvolumenstroms (z. B. 3% des geförderten Volumenstroms [Wag90])
- Die geometrischen Größen der Pumpe (die Laufradaustrittsbreite b_2, der Laufradaußenradius r_2, der Spaltdurchmesser D_{sp}, der Schaufelaustrittswinkel β_2, der Gehäuseradius r_w, die axiale Radseitenraumbreite s_{rs}, die Schaufelanzahl z sowie der mittlere Radius am Saugmund r_1)
- Rauhigkeitsangaben (die Rauhigkeitskennwerte vom Gehäuse und der Laufradscheibe)
- Fluideigenschaften (die Fluiddichte ρ und die kinematische Viskosität ν)
- Aktuelle Betriebsgrößen (der Volumenstrom Q, die Drehzahl n, die Druckdifferenz über den Spalt Δp_{sp})

Als *Ausgangsgröße* liefert das Modell die theoretische Druckdifferenz im Radseitenraum für den fehlerfreien Prozess $\Delta p_{RSR,ber}$. Der Verschleißgrad des Dichtspaltes wird durch Vergleich dieser Größe mit dem im laufenden Betrieb erfassten Wert bestimmt (modellbasiertes Verfahren mittels Paritätsgleichung, siehe Kapitel 1.2).

Integrierte Spaltmaßüberwachung

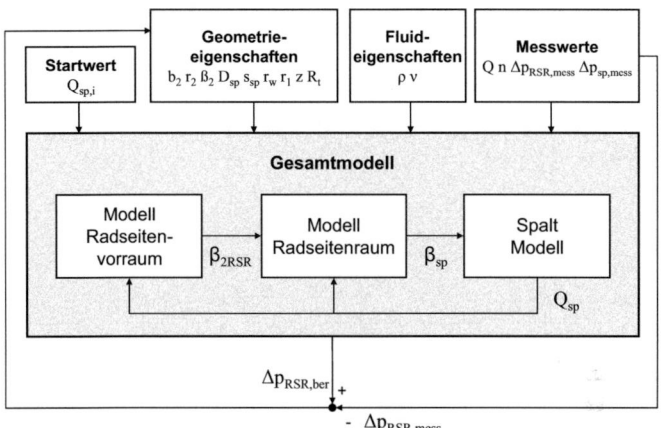

Abbildung 5-16: Gesamtmodell der Spaltverschleißbestimmung

Die folgenden Abschnitte stellen die einzelnen Teilmodelle im Detail vor.

Modell des Radseitenvorraums

Das Teilmodell *Radseitenvorraum* dient der Bestimmung des Dralls am Radseitenraumeintritt (siehe Tabelle 5-3). Der Eintrittsdrall in den Radseitenraum entspricht dem Drall am Laufradaustritt nach Berücksichtigung der Minderumlenkung nach PFLEIDERER und des Radseitenvorraumeinflusses nach LAUER [Lau99].

Aus den Geschwindigkeitsbeziehungen am Laufradaustritt bestimmt sich die theoretische Umfangskomponente der Absolutgeschwindigkeit $c_{3u\infty}$ bei schaufelkongruenter Abströmung nach Gleichung (1) aus Tabelle 5-3.

Aufgrund der endlichen Schaufelanzahl folgt die Abströmung aus dem Laufrad allerdings nicht der theoretischen Bahn (siehe auch Kapitel 3.1). Gleichungen (2) bis (4) werden deshalb verwendet, um den Effekt der sogenannten „Minderumlenkung" auf die Umfangskomponente der Geschwindigkeit nach dem Ansatz von PFLEIDERER [Pfl05] zu berücksichtigen. Die Bestimmung des Faktors p_{Pfl} ergibt sich aus der Schaufelanzahl z, dem statischen Moment S der mittleren Stromlinie und der Erfahrungszahl ψ'. Die Erfahrungszahl ψ' wird aus dem Radienverhältnis der Beschaufelung und dem Schaufelaustrittswinkel β_{s2} bestimmt. Mit Gleichung (2) kann die Minderleistungsziffer μ_{Pfl} berechnet werden und die Umfangskomponente der Absolutgeschwindigkeit somit korrigiert werden.

Vom Laufradaustritt zum Radseitenraum passiert das rotierende Fluid den sogenannten Radseitenraumvorraum. Nach LAUER kann die Vernachlässigung der Änderungen der Strömungsgrößen im Radseitenvorraum zu falschen Ergebnissen führen. In [Lau99] erweitert LAUER daher die vorhandenen Berechnungsmethoden um den empirischen Zusammenhang nach Gleichung (5). Durch die Berücksichtigung der Änderung der Fluidwinkelgeschwindigkeit im Radseitenvorraum $\Delta\beta$ kann die Fluidwinkelgeschwindigkeit β_{2RSR} am Eintritt in den Radseitenraum bestimmt werden (Gleichung (6)). Die Fluidwinkelgeschwindigkeit am Eintritt in den Radseitenraum dient als Eingangsgröße für das Teilmodell „Radseitenraum".

Tabelle 5-3: Gleichungen des Teilmodells „Radseitenvorraum"

$c_{3u_\infty} = \omega\, r_2 - \left(\dfrac{Q+Q_{sp}}{A_2 \tan(\beta_{s2})}\right)$ (1)	$A_2 = 2\,\pi\, r_2\, b_2 \qquad \omega = \dfrac{2\,\pi\, n}{60}$	
$\mu_{Pfl} = \dfrac{1}{1+p_{Pfl}}$ (2)	$p_{Pfl} = \dfrac{\psi'\cdot r_2^2}{z\cdot S} \qquad \psi' = 1{,}8\cdot\dfrac{r_1}{r_2}(1+\sin\beta_{s2}) \qquad S = \dfrac{1}{2}(r_2^2 - r_1^2)$	
$c_{3u} = \mu_{Pfl}\, c_{3u_\infty}$ (3)		
$\beta_{R2} = \dfrac{c_{3u}}{r_2}$ (4)		
$\Delta\beta = (125{,}7\,\varphi_L - 0{,}72)\dfrac{c_{3u}}{r_2} - 38{,}9\,\omega\,\varphi_L + 0{,}33\,\omega$ (5)	$\varphi_L = \dfrac{Q_{sp}}{A_{sp} u_{sp}} \qquad A_{sp} = \pi\, D_{sp}\, s_{sp} \qquad u_{sp} = \omega\, r_{sp}$	
$\beta_{2RSR} = \beta_{R2} + \Delta\beta$ (6)		

Modell des Dichtspalts

Das *Spaltmodell* dient der Bestimmung des Leckagestroms Q_{sp} im Dichtspalt. Zur Bestimmung des Spaltvolumenstroms wird die Grundgleichung (1) aus Tabelle 5-4 verwendet. Dabei ist Δp_{sp} der gesamte Druckabfall über den Spalt und A_{sp} die durchströmte Spaltfläche.

Der Durchflussbeiwert μ bestimmt sich nach Gleichung (2). Die aufsummierte Druckverlustziffer ζ_{sp} setzt sich aus den Verlustziffern aus dem Eintrittsdruckverlust im Spalt ζ_E, dem Druckverlust durch Reibung im Spalt im Bereich der Anlaufströmung ζ_{Anl} und dem Austrittsdruckverlust ζ_A zusammen. WEBER hat einen empirischen Zusammenhang zwischen der Druckverlustziffer ζ_{sp} und der axialen und der Umfangs-Reynoldszahl aufgestellt. Dieser ist in Form von Diagrammen in [Web71] veröffentlicht. Eine numerische Näherung dieser Abhängigkeit wurde im Modell hinterlegt.

Der letzte Anteil des Gesamtdruckverlustes entsteht durch Reibung im Spalt im Bereich der ausgebildeten Strömung. Der Widerstandsbeiwert λ bestimmt sich für den hydraulisch glatten Fall nach STAMPA ([Sta72] nach [Lau99]) laut Gleichung (4).

Untersuchungen von HERGT [Her95] haben gezeigt, dass der Fluiddrall am Spalteintritt den Leckagedurchfluss beeinflusst. Zur Berücksichtigung dieses Effekts führte er einen empirisch definierten Prä-Rotationskoeffizienten ε nach Gleichung (5) ein. Darin taucht die Fluidwinkelgeschwindigkeit am Spalteintritt β_{Sp} auf, sie wird als Eingangsgröße benötigt und muss von dem Radseitenraummodell (siehe: „Modell des Radseitenraums") bereitgestellt werden.

Zur Lösung der Gleichungen (4) und (5) nach STAMPA und HERGT sowie zur Bestimmung der Verlustziffern aus dem empirischen Zusammenhang (3) nach WEBER wird die mittlere axiale Durchflussgeschwindigkeit $\overline{w}$ durch den Spalt benötigt. Da die Geschwindigkeit $\overline{w}$ sich wiederum aus dem Spaltvolumenstrom bestimmt, ist eine iterative Annäherung an die jeweiligen Endwerte für alle Größen nötig.

Tabelle 5-4: Gleichungen des Teilmodells „Dichtspalt"

$Q_{sp} = \mu A_{sp} \sqrt{\dfrac{2\Delta p_{sp}}{\rho}}$ (1)	$A_{sp} = \pi D_{sp} s_{sp}$	
$\mu = \dfrac{1}{\sqrt{\varepsilon \left(\lambda \dfrac{L_{sp}}{2 s_{sp}} + \xi_{Anl} + \xi_E + \xi_A \right)}}$ (2)		
$\xi_{sp} = f(\text{Re}_w, \text{Re}_u)$ nach Weber (3)	$\text{Re}_{\overline{w}} = \dfrac{2 s_{sp} \overline{w}}{\nu}$	$\text{Re}_u = \dfrac{s_{sp} D_{sp} \omega_{sp}}{\nu}$
$\lambda = \dfrac{0{,}316}{\text{Re}_{\overline{w}}^{1/4}} \left[1 + 0{,}5 \left(\dfrac{D_{sp} \omega}{2 \overline{w}}\right)^2\right]^{3/8}$ (4)	$\overline{w} = \dfrac{Q_{sp}}{A_{sp}}$	$\omega = \dfrac{2 \pi n}{60}$
$\varepsilon = 1 + 10^{-1{,}4\log(\text{Re}_{\overline{w}})+5} \cdot \dfrac{\beta_{sp}}{2 \pi n}$ (5)		

Modell des Radseitenraums

Im *Radseitenraummodell* wird schließlich die im saugseitigen Radseitenraum vorliegende Druckdifferenz berechnet (siehe Tabelle 5-5). Die Fluidwinkelgeschwindigkeit im undurchströmten Radseitenraum β_0 ist, wie bereits in Kapitel 5.1 vorgestellt, annähernd konstant über den Radius. Sie kann deshalb im Modell zur näherungsweisen Bestimmung der Grenzschichtdicke im durchströmten Radseitenraum verwendet werden. Die Vorgehensweise hierzu ist im Folgenden näher beschrieben.

Die Fluidwinkelgeschwindigkeit β_0 kann nach ZILLING ([Zil73] nach [Lau99]) aus Gleichung (1) bestimmt werden. Die Betrachtung der Reibungsmomente an den vier Wandungen des undurchströmten Radseitenraums (Gehäusewand im Radseitenvorraum, Wellenfläche, Laufradscheibe, Gehäusewand) mit den Annahmen, dass die vier Reibbeiwerte gleich sind und dass der Radseitenraum parallelwandig ist, führt zu dieser Gleichung. Bei ungleichen Reibbeiwerten der Gehäuse- und Laufradflächen bietet ALTMANN ([Alt72] nach [Lau99]) die empirische Formel (1b) an, um die Fluidwinkelgeschwindigkeit β_0 zu korrigieren.

Nach SCHULTZ-GRUNOW ([Sch35] nach [Lau99]) bestimmt sich die Grenzschichtdicke δ gemäß Gleichung (2). Zu ihrer Berechnung wird – wie von ZILLING vorgeschlagen ([Zil73] nach [Lau99]) – anstatt der radiusabhängigen Fluidwinkelgeschwindigkeit im durchströmten Radseitenraum vereinfachend die Fluidwinkelgeschwindigkeit β_0 im undurchströmten Radseitenraum eingesetzt. Der Faktor γ und die Konstante a sind dabei ausschließlich vom Verhältnis von Laufrad- und Fluidwinkelgschwindigkeit ω/β_0 abhängig.

Tabelle 5-5: Gleichungen des Teilmodells „Radseitenraum"

$\beta_0 = \dfrac{\omega}{1+\sqrt{\dfrac{\left(\dfrac{r_w}{r_2}\right)^5 - \left(\dfrac{r_{sp}}{r_2}\right)^5 + 5\dfrac{s_{rs}}{r_2}\left(\dfrac{r_w}{r_2}\right)^4}{1-\left(\dfrac{r_{sp}}{r_2}\right)^5 + 5\dfrac{s_{rs}}{r_2}\left(\dfrac{r_{sp}}{r_2}\right)^4}}}$	(1)	$\beta_0' = \beta_0\left[1 - 0{,}1354\log\left(\dfrac{ks_W}{ks_R}\right)\right]$	(1b)
$\delta = \gamma\, r^{3/5}\left(\dfrac{v}{\omega}\right)^{1/5}$	(2)	$\gamma = \left(\dfrac{\omega}{\beta_0}\right)^{1/5}\left(\dfrac{\omega}{\beta_0}-1\right)\left[\dfrac{0{,}0225}{a\left(0{,}313\dfrac{\omega}{\beta_0}+0{,}504\right)}\right]^{4/5}$	
		$a = \sqrt{\dfrac{0{,}0278 + 0{,}1944\dfrac{\beta_0}{\omega} - 0{,}222\left(\dfrac{\beta_0}{\omega}\right)^2}{\left(1-\dfrac{\beta_0}{\omega}\right)\left(1{,}058 - 0{,}241\dfrac{\beta_0}{\omega}\right)}}$	
$\lambda_w = 0{,}18\left(\dfrac{v}{\delta r \beta}\right)^{1/4}$	(3)		
$\lambda_R = 0{,}18\left(\dfrac{v}{\delta r (\omega-\beta)}\right)^{1/4}$	(4)		
$\dfrac{d\beta}{dr} = \dfrac{\pi}{4Q_{sp}} r^2(\lambda_w \beta^2 - \lambda_r(\omega-\beta)^2) - \dfrac{2\beta}{r}$	(5)		
$\dfrac{dp}{dr} = \rho\, r\, \beta(r)^2$	(6)		

Die Widerstandsbeiwerte an der Gehäusewand λ_W und an der Laufradwand λ_R im durchströmten Radseitenraum bestimmen sich nach ZILLING aus den Gleichungen (3) und (4).

Die Differentialgleichung (5) folgt aus einer nachfolgend dargestellten Gleichgewichtsbetrachtung der Momente an einem Fluidvolumenelement nach LOMAKIN ([Lom63] nach [Tam02]).

$$dM_r + dM_L - dM_w = 0 \quad (5\text{-}2)$$

Dabei werden die Reibmomente zwischen dem Laufrad und dem Fluid M_r, dem Gehäuse und dem Fluid M_w sowie das Impulsmoment des Spaltstroms M_L durch Integration der folgenden Gleichungen bestimmt:

$$dM_r = \frac{\pi}{4} \cdot \rho \cdot \lambda_R \cdot r^4 (\omega - \beta)^2 \, dr \quad (5\text{-}3)$$

$$dM_w = \frac{\pi}{4} \cdot \rho \cdot \lambda_W \cdot r^4 \cdot \beta^2 \, dr \quad (5\text{-}4)$$

$$dM_L = \rho \cdot Q_{sp} \, d(r^2 \cdot \beta) \quad (5\text{-}5)$$

In dieser Betrachtung werden die durch die turbulenten Schubspannungen erzeugten Momente sowie die Impulsmomente der radialen Sekundärströmung vernachlässigt (siehe Kapitel 5.1). Dies führt zu einer Überschätzung der Fluidwinkelgeschwindigkeit, weshalb es wichtig ist, sie einzufügen.

MÖHRING ([Möh76] nach [Lau99]) berücksichtigt die Impulsmomente der radialen Sekundärströmung indirekt, indem er die Vergrößerung des Gehäusereibwertes im *undurchströmten* Radseitenraum ermittelt und dieses Ergebnis auf den durchströmten Radseitenraum überträgt. In der vorliegender Arbeit erfolgt die Berücksichtigung der Impulsmomente der Sekundärströmung über einen praktischen Ansatz, indem eine experimentelle Modellkalibrierung am Versuchstand durch Anpassung des Gehäusereibwertes λ_w durchgeführt wird.

Zur Lösung der Differentialgleichung 5 wird die Fluidwinkelgeschwindigkeit β_{2RSR} am Eintritt in den Radseitenraum als Randbedingung verwendet (siehe: „Modell des Radseitenvorraums").

Der Druckverlauf im Radseitenraum wird schließlich nach Gleichung (6) bestimmt. Diese geht aus den Navier-Stokes'schen Gleichungen für die radiale Richtung bei reibungsfreier, inkompressibler, rotationssymmetrischer, stationärer und auf Zylinderflächen erfolgender Strömung hervor [Sto01].

Ein Modell zur Berechnung der Druckdifferenz im Radseitenraum aus im Betrieb gemessenen Größen wurde somit aufgestellt. Im folgenden Abschnitt erfolgt der Vergleich der mit dem Modell berechneten und der am Prüfstand gemessenen Druckdifferenzen im Radseitenraum.

5.4.3. Ergebnisse des modellbasierten Ansatzes

Die Kalibrierung des Modells erfolgt, wie im vorherigen Abschnitt beschrieben, über die Erhöhung des Gehäusereibwerts λ_w. Dies dient der Berücksichtigung der im Modell nicht abgebildeten Impulsmomente der Sekundärströmungen.

Die Anpassung des Beiwertes λ_w erfolgt

- im Bestpunkt,
- bei Nenndrehzahl,
- bei der Pumpeninbetriebnahme, d. h. mit dem Referenzspaltmaß, der im Auslieferungszustand vorliegt.

Nach erfolgter Kalibrierung kann nun das Modell verwendet werden, um die Spaltmaßänderung für verschiedene Druckziffern zu simulieren. In Abbildung 5-17 werden die prozentuale Spaltmaßänderung zum Referenzspaltmaß im Radseitenraum über der Druckziffer für Messung und Simulation miteinander verglichen.

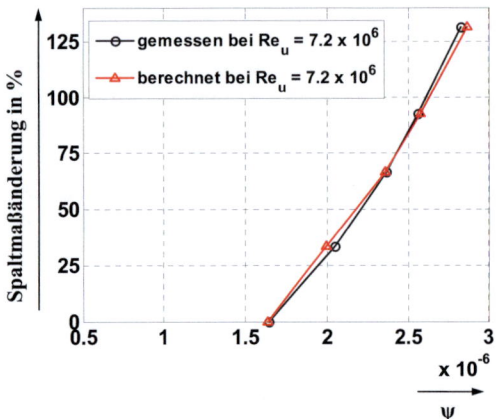

Abbildung 5-17: Prozentuale Spaltmaßänderung in Abhängigkeit der Druckziffer im Radseitenraum (n = 2000 min^{-1}, q = 1) aus Messung und Simulation

Fazit: Die Übereinstimmung der Ergebnisse von Messung und Simulation ist sehr gut. Der Spaltverschleiß kann folglich bei *Nenndrehzahl* im *Bestpunkt* aus der im Modell ermittelten Druckdifferenz (bzw. aus der im Modell bestimmten dimensionslosen Druckziffer) im Radseitenraum quantifiziert werden. Es wurde somit nachgewiesen, dass durch Zusammenführen mehrerer Modellansätze eine sehr gute Vorhersagbarkeit des Spaltmaßes erreicht werden kann.

Integrierte Spaltmaßüberwachung

Mit dem in Kapitel 3.4.2 beschriebenen Ansatz zur Berücksichtigung der auftretenden Verluste bei Verletzung der Reynoldsgleichheit können die Ergebnisse auf weitere Drehzahlen (z. B. für den Fall des drehzahlgeregelten Betriebs) übertragen werden.

Im Prinzip ist beides möglich und gleichwertig: eine „Abwertung" der *Kalibrierungskennlinie* bei niedrigeren Reynoldszahlen als bei Nenndrehzahl oder eine „Aufwertung" der *Messwerte* auf die für hohe Reynoldszahlen geltende Kalibrierungskennlinie. Im Falle der Volumenstrombestimmung (Kapitel 3.4.2) wurde die erstgenannte Methode genutzt, um die Umrechnung der (experimentell gewonnenen) Kalibrierungskennlinie auf andere Drehzahlen als die Nenndrehzahl bei Berücksichtigung des Reynoldszahleinflusses zu ermöglichen. Im vorliegenden Fall der Spaltmaßbestimmung ist es jedoch einfacher, die Reynoldszahlkorrektur einzusetzen, um den Messwert im laufenden Betrieb „aufzuwerten", da somit die Kalibrierung des Modells nicht angepasst werden muss.

Die Druckziffer ψ_x, die bei einer beliebigen Reynoldszahl $Re_{u,x}$ im Radseitenraum gemessen wird, kann nach Gleichung 5-6 auf die bei maximaler Reynoldszahl auftretende Druckziffer $\psi_{Re_u,max}$ aufgewertet werden.

$$\psi_{Re_u,max} = \psi_x + \psi_{v,max} \cdot \left(\frac{Re_{u,x}}{Re_{u,min}} \right)^{-1/\alpha} \quad \text{(5-6)}$$

Der verwendete Wert für α ist 0,25. Wie auch im Fall der Volumenstrombestimmung müssen die maximal auftretenden Verluste $\psi_{v,max}$ zuvor bestimmt werden, um durch ihre Gewichtung die bei anderen Reynoldszahlen auftretenden Verluste bestimmen zu können. Die maximal auftretenden Verluste bestimmen sich nach Gleichung 5-7 aus der Differenz der Druckziffern bei der höchsten und der niedrigsten Reynoldszahl im betrachteten Reynoldszahlbereich.

$$\psi_{v,max} = \psi_{Re_u,max} - \psi_{Re_u,min} \quad \text{(5-7)}$$

Die Druckziffer im Radseitenraum wurde bei Variation der Drehzahl (n = 1000 min^{-1}, n = 1500 min^{-1} und n = 2000 min^{-1}) und der Spaltweite gemessen. Abbildung 5-18 stellt das Messergebnis dar, indem die relative Spaltmaßänderung in Prozent über der Druckziffer für verschiedene Reynoldszahlen aufgetragen wird. Die Notwendigkeit einer Aufwertung zur Spaltmaßbestimmung im drehzahlvariablen Betrieb wird nochmals deutlich: Eine Druckziffer von 2 · 10^{-6} könnte sonst zum Beispiel gleichermaßen einer Spaltmaßänderung von ca. 25 %, 50 % oder 110 % entsprechen.

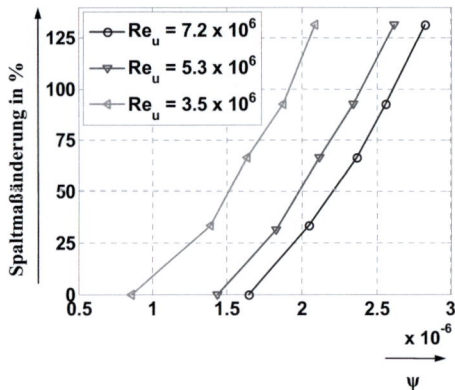

Abbildung 5-18: Prozentuale Spaltmaßänderung in Abhängigkeit der im Radseitenraum gemessenen Druckziffer für verschiedene Reynoldszahlen ($q = 1$)

Nach *Aufwertung* der Messergebnisse auf die Verhältnisse bei maximaler Reynoldszahl ergibt sich die in Abbildung 5-19 dargestellte Situation. Die korrigierten Messwerte und die im Modell bestimmten Druckziffern zeigen bei entsprechender Reynoldskorrektur im gesamten Drehzahlbereich eine sehr gute Übereinstimmung.

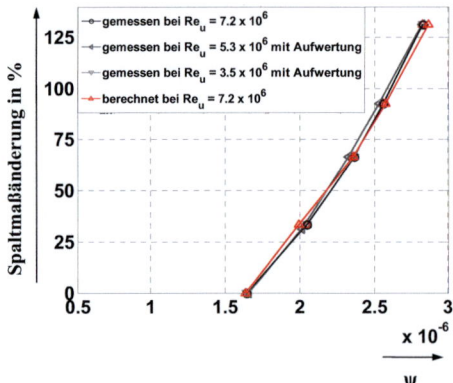

Abbildung 5-19: Prozentuale Spaltmaßänderung in Abhängigkeit der Druckziffer im Radseitenraum für verschiedene Reynoldszahlen ($q = 1$) für den gemessenen/ aufgewerteten sowie für den simulierten Fall

Fazit: Obgleich die Genauigkeit der Spaltmaßbestimmung im *drehzahlvariablen* Betrieb gegenüber dem Fall bei *Nenndrehzahl* etwas geringer ist, so kann dennoch festgestellt werden, dass der modellbasierte Ansatz die Quantifizierung des Spaltverschleißes auch hier mit einer Abweichung von unter 5% ermöglicht. Dies setzt allerdings voraus, dass die Messung im *Bestpunkt* erfolgt ist.

Bei einem offenen Kreislauf bedeutet eine Drehzahlregelung jedoch, dass die Pumpe nicht immer im Bestpunkt (bei $q = 1$) gefahren werden kann: Je flacher die Anlagenkennlinie, desto höher ist auch die Abweichung zum Bestpunkt nach der Drehzahländerung. Eine Spaltmaßbestimmung im laufenden Betrieb einer drehzahlgeregelten Pumpe ergibt folglich überhaupt nur dann Sinn, wenn die Spaltmaßbestimmung nicht nur im Bestpunkt, sondern auch über einen erweiterten Betriebsbereich (z. B. $0{,}8 \leq q \leq 1{,}2$) Gültigkeit hat.

Es stellt sich deshalb die Frage, wie stark die Ergebnisse der Spaltmaßbestimmungen *verfälscht* werden, wenn das Verfahren in vom Bestpunkt abweichenden Bereichen angewandt wird. Nachdem in Abschnitt 5.4.1 die Messpositionen der Pumpe identifiziert wurden, bei der sich die Druckdifferenzen im Radseitenraum und über den Spalt wenig zu den Werten im Bestpunkt verändern, wird im folgenden Abschnitt untersucht, inwieweit sich die *verbleibende Streuung* zum rotationssymmetrischen Fall auf die Genauigkeit der Verschleißbestimmung des Dichtspaltes auswirkt.

In Abbildung 5-20 sind die bei $q = 0{,}8$ und $q = 1{,}2$ gemessenen und berechneten Verläufe dargestellt.

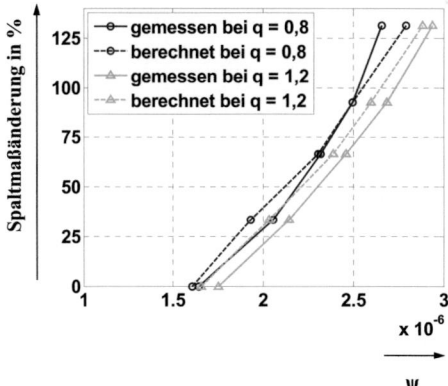

Abbildung 5-20: Prozentuale Spaltmaßänderung in Abhängigkeit der Druckziffer im Radseitenraum (n = 2000 min^{-1}, q = 0,8 und q = 1,2) aus Messung und Simulation

Bei vom Bestpunkt abweichenden Betriebspunkten sind die simulierten Werte der Druckziffern im Radseitenraum größtenteils niedriger als die gemessenen Werte.

Das führt dazu, dass die durch das Modell bestimmte Spaltmaßänderung den realen Verschleiß in den meisten Fällen *überschätzt*. Im betrachteten Grenzfall in Überlast ($q = 1,2$) beträgt die Überschätzung des Spaltverschleißes circa 8 bis 12 Prozentpunkte: Wenn beispielsweise eine Änderung des Spaltmaßes um 33 % vorliegt, wird im Modell eine Spaltmaßänderung von 45% berechnet.

Im kleinsten Betriebspunkt in Teillast ($q = 0,8$) wird die Spalterweiterung jedoch *unterschätzt* (die Spaltmaßänderung wird im Modell bei sehr starkem Verschleiß um bis zu 17 Prozentpunkte zu niedrig bewertet). Größtenteils liegen die Abweichungen der berechneten Abnutzungen zum realen Abnutzungsgrad allerdings auch in Teillast unter 10 Prozentpunkten.

Fazit: Betrachtet man den niedrigen Aufwand, der zur Bestimmung des Verschleißzustandes des Dichtspaltes erforderlich ist, sowie die Möglichkeit den Spaltzustand im laufenden Betrieb zu bestimmen – wobei die Möglichkeit eines drehzahlvariablen Betriebs zudem gegeben ist, dann sind die erzielten Genauigkeiten (ca. 10 Prozentpunkte zur realen Abweichung) sehr positiv zu bewerten.

Dabei wird die Abnutzung des Spaltes in den meisten Fällen gegenüber der realen Spaltmaßänderung überschätzt.

Das Verfahren ist bei Betriebspunkten jenseits des Bestpunkts umso genauer, je geringer die Schwankung der gemessenen Werte zu den Verhältnissen bei rotationssymmetrischer Strömung in der Pumpe ist. Die geeignete *Positionierung der Messstelle* ist daher maßgebend für die Genauigkeit des Verfahrens und wird nachfolgend mittels numerischer Strömungssimulationen genauer untersucht.

5.5. Numerische Untersuchungen zur Bestimmung der optimalen Umfangsmessposition

In den *experimentellen* Untersuchungen wurden die Druckdifferenzen im Radseitenraum und über dem Spalt an der vorderen Umfangsmessposition ($\delta = 0°$) ausgewertet. Die Umfangsmessstellen „oben", „unten", „hinten" wurden verworfen (siehe Kapitel 5.4.1), da an diesen Messpositionen eine höhere Abweichung von den rotationssymmetrischen Druckverhältnissen im Bestpunkt festgestellt wurde.

Das Ziel der folgenden *numerischen* Untersuchungen ist es, die Festlegung der experimentellen Messorte im Detail nachzuvollziehen, die Positionierung gegebenenfalls zu präzisieren und ihre Allgemeingültigkeit zu überprüfen. Dazu wurden Drücke und Druckdifferenzen an den experimentell untersuchten radialen Messpositionen durchgeführt, in Umfangsrichtung wurden Messwerte in Winkelschritten von 10° aufgezeichnet. Der Winkel δ wird dabei von der Spornspitze ($\delta = 0°$) in Laufraddrehrichtung positiv gezählt (siehe Abbildung 5.6).

5.5.1. Randbedingungen der Strömungssimulation

Die Beschreibung von Strömungsvorgängen viskoser Fluide erfolgt über die Erhaltungsgleichungen der Kontinuumsmechanik von Masse, Impuls und Energie sowie über die thermodynamische Zustandsgleichung. Im Falle eines Newtonschen Fluids gelten die Navier-Stokes-Gleichungen [Spu07] – diese stellen ein System gekoppelter, nichtlinearer partieller Differentialgleichungen dar, das bereits vor 150 Jahren von dem französischen Ingenieur Claude M.H. Navier (1785-1836) und dem irischen Mathematiker George Gabriel Stokes (1819-1903) aufgestellt wurde. Ohne starke Vereinfachungen sind die Navier-Stokes-Gleichungen nur für spezielle, einfache Strömungskonfigurationen analytisch lösbar, so dass erst durch die Entwicklung elektronischer Rechenanlagen eine numerische Lösung des Gleichungssystems erfolgen konnte [Bre07]. Dieser numerische Ansatz wird oftmals mit CFD (Computational Fluid Dynamics) bezeichnet.

Die direkte numerische Simulation (DNS) der dreidimensionalen, instationären Navier-Stokes-Gleichungen ist zwar die genaueste Methode der Strömungssimulation, aufgrund von hohen Rechenzeiten und Speicherplatzbedarf wird sie in der Regel jedoch kaum eingesetzt. Im 19. Jahrhundert führte Osborne Reynolds eine statistische Betrachtungsweise der turbulenten Strömung ein. Dabei wird von einer im Mittel stationären Strömung ausgegangen und alle Strömungsgrößen werden in einen Mittelwert und Schwankungsteil aufgespaltet.

Die Übertragung dieses Reynoldsschen Ansatzes in den Navier-Stokes-Gleichungen führt (nach einer zeitlichen Mittelung) zu den Reynolds-gemittelten Navier-Stokes-Gleichungen (Reynolds-Averaged Navier-Stokes Equations, RANS) [Sch00]. Durch die Umformulierung tritt in den RANS-Gleichungen ein neuer Term auf, der als Reynoldsscher Spannungstensor bezeichnet wird. Er stellt die gegenüber dem gemittelten Strömungsfeld zusätzlichen scheinbaren Spannungen dar, die durch die Turbulenz verursacht werden. Da durch diesen neuen Term mehr Unbekannte als Bestimmungsgleichungen zur Verfügung stehen (man spricht vom „Schließungsproblem der Turbulenz"), müssen die Scheinspannungen modelliert werden. Hierzu werden meistens Turbulenzmodelle eingesetzt, die auf der Annahme der Existenz einer „Turbulenten Viskosität" beruhen [Bre07]. Solche Turbulenzmodelle werden auch als „Wirbelviskositätsmodelle" bezeichnet. In der vorliegenden Arbeit wurde als Turbulenzmodell die Realisierbare Erweiterung des kε-Modell verwendet (Realizable kε-Modell), da es gute und stabile Ergebnisse bei der Kennlinienberechnung von Kreiselpumpen mit Spiralgehäuse liefert [Gug04], [Tam02].

Zur numerischen Behandlung der Grenzschicht können die laminare Unterschicht und der Übergangsbereich der Grenzschicht zur inneren Strömung durch eine Wandfunktion beschrieben werden. In dieser Arbeit wurde das kommerzielle Strömungssimulationsprogramm *Fluent v.6* verwendet, welches ab einer Unterschreitung des dimensionslosen Wandabstandes y^+ von 11,25 das logarithmische Wandgesetz anwendet, zur Erhöhung der Genauigkeit sind allerdings y^+ Werte von über 30 anzustreben [Flu03]. Bei dem verwendeten Gitter wurden Wandabstände von *30 < y^+ < 500* eingestellt.

Im instationären Fall muss bei der Anwendung von RANS-Turbulenzmodellen die Zeitableitung in den das Modell beschreibenden Transportgleichungen mit berücksichtigt werden. Die URANS (Unsteady RANS) Turbulenzmodelle liefern dabei nach wie vor geeignete Schließungssätze für die Berechnung der turbulenten Schwankungen. Die Zeitmittelung über die betrachtete Rechenzeit erfolgt im Postprocessing[11]. Um die verschiedenen Positionen der Laufradschaufel relativ zum Sporn zu simulieren, wurden die Strömungssimulationen mit dem sogenannten „Sliding Mesh" Verfahren instationär durchgeführt. Für mehrere definierte Relativpositionen vom Rotor zum Stator (entsprechend der gewählten Zeitschrittweite) erfolgt jeweils eine eigene Rechnung. Insgesamt wurden eine Laufradumdrehung simuliert und die instationären Werte im Postprocessing über die Rechenzeit gemittelt. Die Länge eines Zeitschrittes wurde nach den Erfahrungswerten von TAMM [Tam02] und TREUTZ [Tre02] so festgelegt, dass sich das Laufrad mit jedem Zeitschritt um 3° dreht.

Das kommerzielle Strömungssimulationsprogramm *Fluent* basiert auf der Finite-Volumen-Methode. Das Problemgebiet wird in eine endliche Zahl von Mikro-Kontrollvolumen unterteilt und es wird eine Bilanz der Flüsse über die Kontrollvolumenränder und Quellen oder Senken innerhalb des Kontrollvolumens aufgestellt. Dabei werden die Integralform der Erhaltungsgleichungen auf jedes Kontrollvolumen angewandt und die Volumen- und Oberflächenintegrale des Kontrollvolumens numerisch approximiert. *Fluent* verwendet für die Approximierung der Oberflächenintegrale standardmäßig die Mittelpunktsregel [Flu03]. Zur Approximation der konvektiven Flüsse auf den Zellwänden wurde ein Upwind-Verfahren zweiter Ordnung eingestellt. Diffusive Flüsse werden in *Fluent* standardweise mit Zentraldifferenzen 2. Ordnung approximiert.

Für die instationäre Berechnung muss neben der räumlichen Diskretisierung noch eine zeitliche Diskretisierung vorgenommen werden. Für inkompressible Medien erfolgt dies in *Fluent* standardmäßig mit einem impliziten Zeitdiskretisierungsverfahren, dabei wurde für alle Simulationen eine Zeitdiskretisierung 2. Ordnung gewählt.

Nach Einbau und Diskretisierung der Randbedingungen erhält man ein nichtlineares Gleichungssystem für jedes Kontrollvolumen. Bei einem inkompressiblen Fluid mit temperaturunabhängigen Stoffwerten und bei Vernachlässigung von Auftriebskräften im Strömungsfeld kann auf die Lösung der (in diesem Fall entkoppelten) Energiegleichung verzichtet werden. Zur Lösung des verbleibenden Gleichungssystems (bestehend aus einer wesentlich vereinfachten Impulsgleichung und der Kontinuitätsgleichung) ist ein Iterationsprozess erforderlich, bei dem eine geeignete Kopplung zwischen dem Druck- und dem Geschwindigkeitsfeld stattfindet. Zur Iteration des Druckes und der Geschwindigkeiten zur Erfüllung der Kontinuitätsgleichung wurde in *Fluent* das Druckkorrekturverfahren SIMPLE ausgewählt.

Sowohl die Qualität der Berechnungsergebnisse als auch die Effizienz des Berechnungsverfahrens hängen stark von der Gitterqualität ab. Mögliche Gittertypen sind strukturierte,

---

[11] Nachbearbeitung und Aufarbeitung von den Ergebnissen der numerischen Strömungssimulation

unstrukturierte und blockstrukturierte Gitter. Nach BREUER [Bre07] gilt: „Je strukturierter ein Gitter ist, desto effizienter sind die Lösungsalgorithmen für die Strömungsberechnung (Speicherplatzbedarf und CPU-Zeit), desto unflexibler ist es aber auch im Hinblick auf die Modellierung komplexer Geometrien". Bei dem blockstrukturierten Ansatz versucht man die Vorteile beider Konzepte in einem Gitter zu vereinen. Das eingesetzte Fluidmodell besteht aus sechs Fluidzonen, welche mit insgesamt 800 000 Volumenzellen (siehe Tabelle 5-6) blockstrukturiert vernetzt sind.

Tabelle 5-6: Gittergröße der einzelnen Fluidzonen und des gesamten FLUENT-Modells

Nummer	Fluidzone	Knotenanzahl	Zellenanzahl
F1	Saugrohr	90.000	82.800
F2	Laufrad	382.157	393.744
F3	Spiralgehäuse	136.011	126.720
F4	Druckstutzen	10.777	9.504
F5	vorderer Radseitenraum	132.000	90.720
F6	hinterer Radseitenraum	137.440	96.320
-	Gesamtpumpe (incl. Interfaces)	896.079	799.808

Die rotierenden Bauteile der Pumpe umschließen die Fluidzone F2 des Laufrades (siehe auch Abbildung 5-21). Durch Grid-Interfaces kann die Fluidzone F2 an die angrenzenden Fluidzonen F1, F3, F4, F5 und F6 angeschlossen werden. In dieser Arbeit erfolgte die Berechnung instationär: Die Fluidzone F2 gleitet dazu entlang der Grid-Interfaces an den angrenzenden Fluidzonen vorbei (Sliding Mesh).

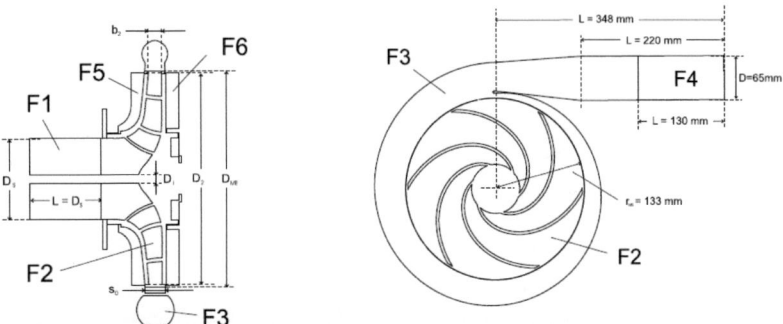

Abbildung 5-21: Fluidzonen der Radialpumpe für die CFD-Modellierung [Gug04]

Das blockstrukturierte Rechennetz ist in Abbildung 5-22 dargestellt. Am Sporn ist die aus der Blocktopologie resultierende Zellenverteilung mit optimierter Gitterqualität gut zu erkennen. Um die blockstrukturierte Netztopologie im Saugmund zu ermöglichen wurde ein Hohlraum am Nabendurchmesser eingeführt. Des Weiteren musste die Laufradvorderkante spitz zulaufend (statt wie in der Realität mit runder Vorderkante mit sehr kleinem Radius) modelliert werden.

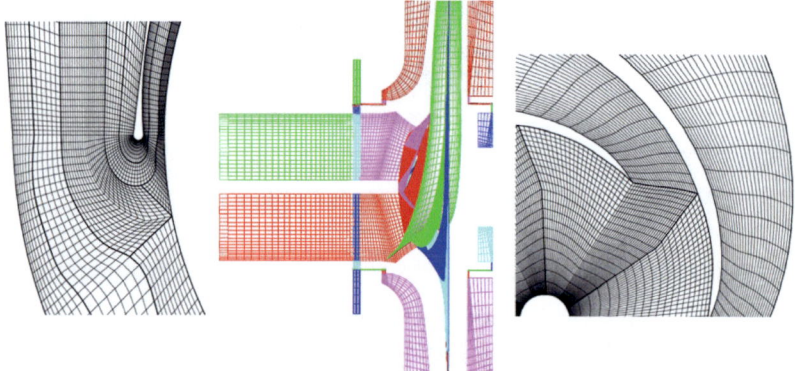

Abbildung 5-22: Blockstrukturiertes Rechengitter im Bereich des Sporns (links), des Saugmunds (mitte) und der Schaufelvorderkante (rechts) [Gug04]

GUGAU [Gug04] hat für das vorliegende Modell eine Gitterunabhängigkeitsstudie nach RICHARDSON ([Sch00] und [Ste99]) durchgeführt, um sicherzustellen, dass der Einfluss der Netzauflösung auf die bei den Pumpenberechnungen interessierenden Daten gering ist. Dabei wurde ein mittlerer Diskretisierungsfehler von 0,2% ausgemacht.

Bei allen Berechnungen wurde die Strömungsgeschwindigkeit als Eintrittsrandbedingung vorgegeben, dabei wird angenommen, dass die Zuströmung über den gesamten Querschnitt homogen und drallfrei ist und dass der Geschwindigkeitsvektor senkrecht zur Eintrittsebene steht. Als Austrittsrandbedingung wurde ein konstanter statischer Gegendruck vorgegeben. Die Drehzahl aller rotierenden Bauteile beträgt $n = 2000$ min^{-1}.

5.5.2. Numerische Simulationsergebnisse

<u>Vergleich Numerik/Experiment</u>

Abbildungen 5-23 bis 5-26 zeigen den Vergleich der Druckverhältnisse, die experimentell und numerisch (sogenannte CFD-Simulation) im Radseitenraum und über den Spalt ermittelt wurden. Die Druckdifferenz im Radseitenraum wurde durch Auswertung der Druckwerte an den Positionen RSR und Spalt,ein gebildet (siehe Abbildung 5-6), die Druckdifferenz im Spalt durch Auswertung der Positionen Spalt,ein und Spalt,aus.

Sowohl im Radseitenraum als auch im Spalt sind die Übereinstimmungen der CFD-Ergebnisse mit den Messergebnissen sehr gut. Die Verläufe der Messung wirken wie ein in Umfangsrichtung zu niedrig abgetastetes Signal der Kurven aus der Numerik. Im Radseitenraumverlauf der Simulation treten Druckdifferenzspitzen auf, die im Experiment nicht zu erkennen sind (z. B. bei 170° < δ < 180°).

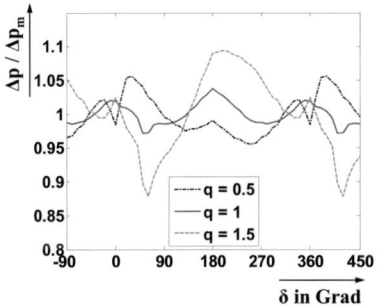

Abbildung 5-23: Radseitenraum – Numerisch ermittelte Druckdifferenzen bezogen auf die umfangsgemittelte Druckdifferenz, im Radseitenraum für verschiedene Lastfälle simuliert und aufgetragen über dem Spiralumfang

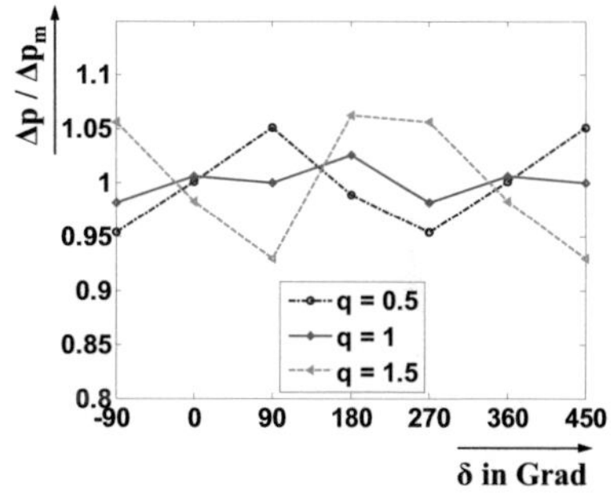

Abbildung 5-24: Radseitenraum – Experimentell ermittelte Druckdifferenzen bezogen auf die umfangsgemittelte Druckdifferenz, im Radseitenraum für verschiedene Lastfälle gemessen und aufgetragen über dem Spiralumfang

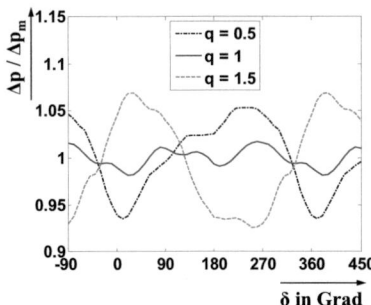 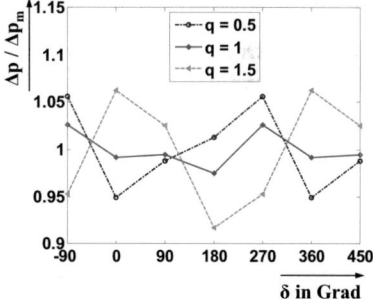

Abbildung 5-25: Spalt – Numerisch ermittelte Druckdifferenzen bezogen auf die umfangsgemittelte Druckdifferenz, über den Spalt für verschiedene Lastfälle simuliert und aufgetragen über dem Spiralumfang

Abbildung 5-26: Spalt – Experimentell ermittelte Druckdifferenzen bezogen auf die umfangsgemittelte Druckdifferenz, über den Spalt für verschiedene Lastfälle gemessen und aufgetragen über dem Spiralumfang

Durch die sehr gute Übereinstimmung der Simulationsergebnisse mit dem Experiment kann von einer realitätsnahen Abbildung der Strömungsverhältnisse ausgegangen werden und die Druckverläufe der CFD-Ergebnisse können nachfolgend genauer betrachtet werden.

Verläufe der Einzeldrücke im saugseitigen Radseitenraum

Abbildung 5-27 und Abbildung 5-28 zeigen den Verlauf der auf den Mittelwert bezogenen Drücke an den Positionen RSR (linkes Bild) und Spalt_ein (rechtes Bild) aus der Simulation. Es wird noch einmal deutlich, dass die am Laufradaustritt vorhandene Asymmetrie jenseits des Optimums sich auf die obere Radseitenraummessstelle (RSR) auswirkt und sich bis zur unteren Messstelle (Spalt_ein) fortsetzt. Der Druck steigt in Teillast von einem Minimalwert am Sporn über den Laufradumfang an, wohingegen in Überlast eine Druckspitze am Sporn vorliegt, die über den Umfang abgebaut wird.

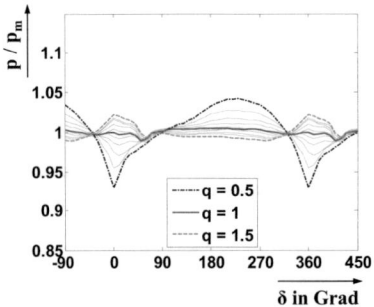 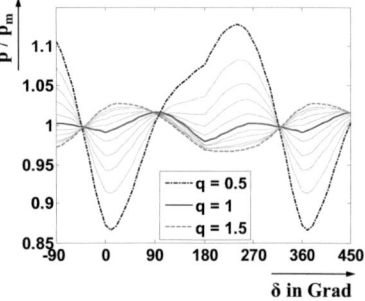

Abbildung 5-27: Radseitenraum – Numerisch ermittelter Druck am Radseitenraumeintritt (Messstelle RSR) bezogen auf den umfangsgemittelten Druck, aufgetragen über dem Umfangswinkel und simuliert für verschiedene Lastfälle (von q = 0,5 bis q = 1,5 mit einer Schrittweite von 0,1)

Abbildung 5-28: Spalt – Numerisch ermittelter Druck am Radseitenraumaustritt (Messstelle Spalt,ein) bezogen auf den umfangsgemittelten Druck, aufgetragen über dem Umfangswinkel und simuliert für verschiedene Lastfälle (von q = 0,5 bis q = 1,5 mit einer Schrittweite von 0,1)

Der Vergleich der Verläufe an den Messstellen RSR und Spalt_ein zeigt, dass sich die Asymmetrie der Druckverläufe zum unteren Radius hin vergleichmäßigt: Statt der Druckspitzen am Sporn, die langsam über den Umfang kompensiert werden, stellen sich vor dem Spalteintritt fast periodische Schwankungsverläufe ein, wobei die Periodendauer circa eine halbe Umdrehung beträgt.

Interessant ist die Tatsache, dass die Abweichung vom mittleren Wert am Radseitenraumaustritt (Messstelle Spalt_ein) höher ist als bei Radseitenraumeintritt. Das liegt vermutlich daran, dass die Störung durch das Spiralgehäuse sich zum Innenradius des Radseitenraums hin relativ gesehen stärker ausbreitet, als der Druck im Radseitenraum abnimmt.

Nachdem der Verlauf der *Einzeldrücke* über den Umfang nachvollzogen wurde, wird im folgenden Abschnitt der Verlauf der *Druckdifferenzen* untersucht.

Radiale Druckdifferenzen im Radseitenraum und im Spalt

Abbildungen 5-29 und 5-30 zeigen den Druck über dem Umfang an den Positionen Spalt,ein und Spalt,aus sowie die Druckdifferenz zwischen diesen beiden Messstellen. Zur besseren Darstellbarkeit wurde von jedem Kurvenverlauf jeweils der Anfangswert bei $\delta = -90°$ abgezogen.

Der Verlauf der Druckdifferenz über den Spalt ist einfach nachzuvollziehen: Da der Druck *hinter* dem Spalt näherungsweise konstant über dem Umfang ist, bestimmt der Druck *vor* dem Spalt die Abhängigkeit der Druckdifferenz von dem Umfangswinkel. Abbildung 5-29 stellt die Simulation der Druckverläufe für einen Betriebspunkt in Teillast ($q = 0{,}5$) und Abbildung 5-30 für einen Betriebspunkt in Überlast ($q = 1{,}5$) dar. In beiden Fällen zeigt die Druckdifferenz über den Spalt über den gesamten Spiralumfang näherungsweise das gleiche Verhalten, wie es der Absolutdruck *vor* dem Spalt aufweist.

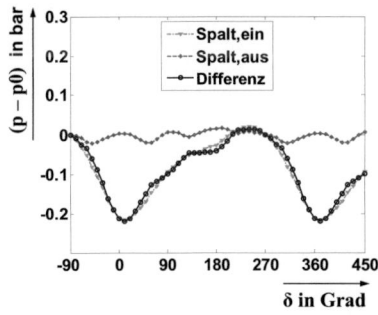 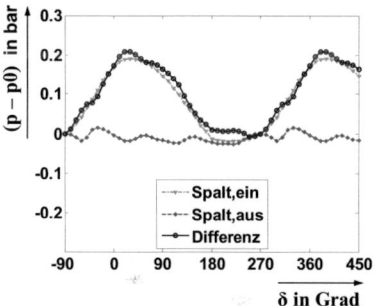

Abbildung 5-29: Spalt – Numerisch ermittelter Verlauf der Einzeldrücke und der Druckdifferenz über den Spalt in Teillast ($q = 0{,}5$) über dem Umfangswinkel

Abbildung 5-30: Spalt – Numerisch ermittelter Verlauf der Einzeldrücke und der Druckdifferenz über den Spalt in Überlast ($q = 1{,}5$) über dem Umfangswinkel

Im Radseitenraum ist der Verlauf der Druckdifferenz über dem Umfangswinkel etwas schwieriger nachzuvollziehen. Abbildung 5-31 stellt die Druckverläufe im Radseitenraum für einen Betriebspunkt in Teillast ($q = 0{,}5$) und Abbildung 5-32 für einen Betriebspunkt in Überlast ($q = 1{,}5$) dar.

Am Radseitenraumeintritt (Messstelle RSR) ist die Druckänderung am Sporn sehr dynamisch, sodass Druckspitzen entstehen: In *Teillast* ist an der Messstelle RSR der abrupte Abfall des Druckes am Sporn deutlich zu erkennen. Aufgrund des weicheren Druckabfalls am Austritt des Radseitenraums (Messstelle Spalt,ein) nimmt zunächst die Differenz der beiden Kurvenverläufe zu (schwarze Kurve), um im Punkt A aufgrund des erreichten Spitzenwertes abzufallen. Die anschließende sanftere Druckzunahme über den Umfang gegenüber dem Radseitenraumeintritt führt wieder zu einer Vergrößerung der Abweichung beider Verläufe.

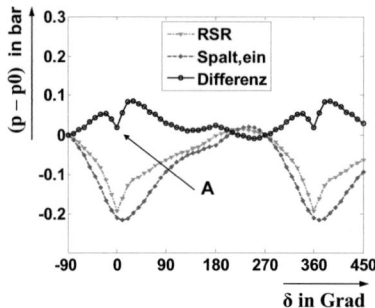

Abbildung 5-31: Radseitenraum – Numerisch ermittelter Verlauf der Einzeldrücke und der Druckdifferenz im Radseitenraum in Teillast ($q = 0,5$) über dem Umfangswinkel

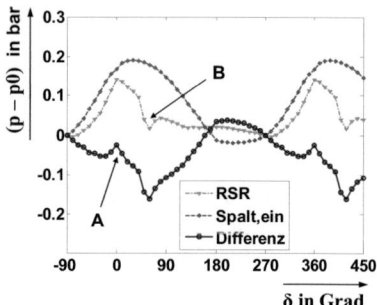

Abbildung 5-32: Radseitenraum – Numerisch ermittelter Verlauf der Einzeldrücke und der Druckdifferenz im Radseitenraum in Überlast ($q = 1,5$) über dem Umfangswinkel

In *Überlast* ist Punkt A entsprechend dem Punkt, bei dem sich der Abstand zwischen der Druckspitze am Radseitenraumeintritt und dem angestiegenen Druck am Radseitenraumaustritt verringert.

Punkt B in Abbildung 5-32 entspricht einer von GUGAU [Gug04] festgestellten Unstetigkeit in der Spiralgehäusekontur der Versuchspumpe: Bei einem Winkel von circa 60° verändert sich der Querschnitt des Spiralgehäuses über dem Umfang von der Form eines Rechtecks zur Form eines Kreises. Die Strömung wird von dieser Unstetigkeit in Überlast zunehmend beeinflusst, in Teillastverlauf ist sie jedoch kaum zu erkennen. Am Radseitenraumaustritt (Messstelle Spalt,ein) ist ebenfalls keine Auswirkung der unstetigen Querschnittsgeometrie mehr feststellbar.

<u>Ermittlung der besten Umfangsposition im Radseitenraum und über den Spalt</u>

Die beste Umfangsmessposition ist die Stelle über dem Umfang, bei der sich die soeben vorgestellte Druckdifferenz für möglichst viele verschiedene Betriebspunkte nur wenig von den Druckverhältnissen im Optimum unterscheidet.

Daher wird die relative Abweichung der Druckdifferenzen im Radseitenraum und im Spalt zur Druckdifferenz im Optimum gebildet. Diese ist in Abbildungen 5-33 und 5-34 über den Umfang aufgetragen. Im Optimum liegen annähernd homogene Druckverhältnisse über dem Spiralumfang vor, so dass die Kurvenverläufe der berechneten relativen Abweichungen den im vorherigen Abschnitt dargestellten Druckdifferenzverläufen ähneln.

Im Radseitenraum (siehe Abbildung 5-33) gibt es *drei* Messpositionen über den Spiralumfang, bei denen die relative Abweichung sehr gering ist, sprich bei denen die gemessenen Druckdifferenzen weitestgehend unabhängig vom Betriebspunkt sind. Die erste Position ist am Sporn ($\delta = 0°$), die nächste liegt bei circa $\delta = 135°$ und die dritte bei $\delta = 310°$.

Zwar kann vermutet werden, dass die oben beschriebenen Strömungsvorgänge (stärkere Druckspitzen am Radseitenraumeintritt, harmonischer Druckverlauf am Radseitenraumaustritt) in den Radseitenräumen anderer Pumpen ebenfalls vorliegen. Dies lässt darauf schließen, dass – unabhängig von der Pumpengröße – bei Spiralgehäusepumpen stets *drei* geeignete Messpunkte vorzufinden sind. Allerdings ist die genaue Lage der Messstellen am Umfang vermutlich unter anderem von der vorliegenden Radseitenraumgeometrie abhängig, so dass lediglich die Messstelle am Sporn in ihrer genauen Position als allgemeingültige Lösung angenommen werden kann. An dieser Messposition weicht die Druckdifferenz in einem Betriebsbereich von $0{,}5 \leq q \leq 1{,}5$ um maximal ± 2% von der Druckdifferenz im Optimum ab.

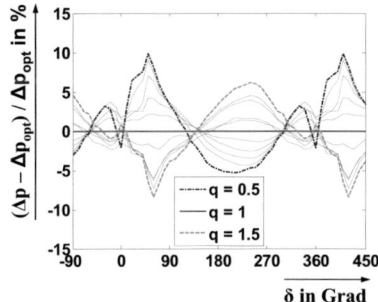 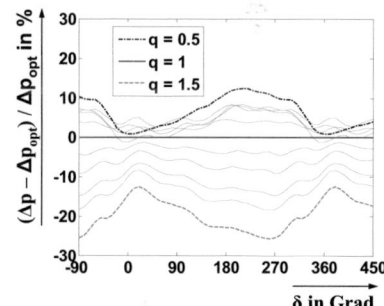

Abbildung 5-33: Radseitenraum – Numerisch ermittelter Verlauf der relativen Druckdifferenz im Radseitenraum zum Optimum aufgetragen über dem Spiralumfang für verschiedene Lastzustände (von q = 0,5 bis q = 1,5 mit einer Schrittweite von 0,1)

Abbildung 5-34: Spalt – Numerisch ermittelter Verlauf der relativen Druckdifferenz über den Spalt zum Optimum aufgetragen über dem Spiralumfang für verschiedene Lastzustände (von q = 0,5 bis q = 1,5 mit einer Schrittweite von 0,1)

Am Spalt (siehe Abbildung 5-34) wird, wie bereits erläutert, die Abweichung zu den rotationssymmetrischen Druckverhältnissen im Bestpunkt durch die asymmetrische Druckverteilung vor dem Spalt verursacht. Hier gibt es daher nur *eine* Umfangsmessstelle, an der gute Ergebnisse zu erwarten sind: auf Spornhöhe bzw. in einem Winkel von $\delta = 0 - 20°$ von der Spornspitze. An dieser Messposition weicht die Druckdifferenz in einem Betriebsbereich von $0{,}5 \leq q \leq 1{,}5$ um maximal ± 12% von der Druckdifferenz im Optimum ab. Die Genauigkeit einer modellbasierten Spaltmaßbestimmung kann dadurch erhöht werden, dass ein kleinerer Betriebsbereich eingestellt wird (z. B. $0{,}8 \leq q \leq 1{,}2$). Die Genauigkeit des Verfahrens ist am höchsten, wenn die Prozessführung es zulässt, die Pumpe gänzlich im Bestpunkt zu betreiben ($q = 1$).

Zusammenfassende Beurteilung:

Die Strömungssimulation hat die experimentell festgelegte Positionierung der Druckdifferenzmessung in Umfangsrichtung bei $\delta = 0°$ bestätigt. Zwar besitzen andere Umfangsmessstellen eine geringere Abweichung zur Druckdifferenz im Bestpunkt, allerdings sind diese Positionen nicht ohne weiteres auf andere Pumpen übertragbar. Bei der gewählten Messstelle „vorne" hingegen kann bei guten erzielten Genauigkeiten (maximale Überschätzung der realen Spaltveränderung von circa 10 Prozentpunkten) von einer Übertragbarkeit auch auf andere Spiralgehäusepumpen ausgegangen werden.

6. Zusammenfassung und Ausblick

6.1. Zusammenfassung

In Zeiten steigender Energiepreise haben Betreiber von Fluidfördersystemen wachsendes Interesse daran, Pumpen mit niedrigem Energieverbrauch einzusetzen – machen die Energiekosten doch bei vielen Anwendungen mit ca. 45 % den Großteil der Lebenszykluskosten (Englisch auch Life Cycle Costs, LCC) eines Fluidfördersystems aus. An zweiter Stelle, mit einem Anteil von ca. 35 % der LCC, stehen die Stillstandskosten, die durch den Ausfall von Pumpen entstehen (dies können z. B. entgangene Einnahmen sein).

Pumpenforscher und -entwickler stehen demzufolge vor der Herausforderung, energieeffiziente und robuste bzw. zuverlässige Pumpen bereitzustellen. In dieser Arbeit werden deshalb neue Methoden untersucht, die zur Erhöhung der Energieeffizienz und der Verfügbarkeit von Fluidfördersystemen herangezogen werden können und somit zur Verbesserung der *wirtschaftlichen Effizienz* eines Fluidfördersystems beitragen.

In dieser Arbeit wurden drei neue Maßnahmen zur Erhöhung der Effizienz von Pumpen eingehend untersucht. Die ersten beiden Maßnahmen beschäftigen sich mit der *integrierten Erkennung des Betriebszustands der Pumpe*. Hauptmotivation hierfür ist, dass die fortwährende Kenntnis des aktuellen Betriebspunktes der Pumpe notwendig ist, um Pumpen über ihre Drehzahl energie- und schädigungsoptimal an eine Förderaufgabe anpassen zu können. Als erste Maßnahme wurde die integrierte Volumenstromerfassung betrachtet. Bei der zweiten Maßnahme handelt es sich um die Erkennung des Kavitationszustandes.

Die dritte Maßnahme beschäftigt sich mit der Überwachung des Bauteilzustandes, hier im Speziellen des radialen Spaltmaßes zwischen Rotor und Stator. Kenntnis über dieses ist wichtig, um zum einen Verschleißzustände frühzeitig – vor dem Versagen des Bauteils – zu erkennen und um schleichende Wirkungsgradverluste zu identifizieren.

<u>1. Maßnahme: Integrierte Volumenstrombestimmung (Kapitel 3)</u>

In diesem Kapitel wurde untersucht, inwieweit es möglich ist, über die Erfassung von Druckdifferenzen in einer Pumpe nach Spiralgehäusebauart auf den Volumenstrom zu schließen. Dazu wurden durch theoretische Überlegungen zunächst geeignete Messstellen identifiziert und experimentelle Untersuchungen an einer Spiralgehäusepumpe mit einer spezifischen Drehzahl von $n_s = 20$ min^{-1} zur Validierung dieser Ansätze durchgeführt. Die untersuchten Messpositionen befinden sich am Spiralgehäusesporn, im Radseitenraum und am Umfang der Leiteinrichtung.

Der Vergleich der Messstellen ergab, dass eine Volumenstrombestimmung am Umfang der Leiteinrichtung an einem Winkel von 30° vor und 30° nach dem Sporn (Messpositionen *Leit1_Leit2*) die höchste Genauigkeit verspricht. Die maximal erreichbare Genauigkeit beträgt ca. ± 1 % Messabweichung vom wahren Volumenstromwert. Der Einfluss des

Prüfstandsaufbaus sowie möglicher Fertigungsstreuungen auf die Genauigkeit der integrierten Volumenstrombestimmung wurde diskutiert.

Es wurde gezeigt, dass durch eine modifizierte Korrekturmethode, die auf einem Aufwertungsverfahren nach ACKERET basiert, die Genauigkeit der Durchflussbestimmung auch für unterschiedliche Reynoldszahlen annähernd konstant gehalten werden kann.

Mit der hier vorgestellten Methode ist es nun möglich, durch in der Pumpe integrierte Messgrößen mit ausreichender Genauigkeit auf den Volumenstrom zu schließen, was zur Optimierung des Betriebspunktes der Pumpe und zur Detektion von Leckagen im System genutzt werden kann und somit die Effizienz des Gesamtsystems erhöht.

2. Maßnahme: Kavitationsintensitätsmessung (Kapitel 4)

Das Auftreten von Kavitation[12] kann in Pumpen u. a. zu Wirkungsgradverlusten und zur Materialschädigung führen. Durch aktive Eingriffe kann Kavitation kontrolliert werden. Hierzu ist jedoch eine Information über die Kavitationsintensität erforderlich. Dies ist nach heutigem Forschungsstand nur durch Erfassung eines Körperschallsignals am kavitierenden Bauteil möglich, was bei Pumpen die Erfassung des Signals an der rotierenden Schaufel bedeuten würde. In der industriellen Praxis ist dies jedoch zu aufwändig. Daher wird in dieser Arbeit untersucht, inwieweit auf die Kavitationsintensität *in* der Pumpe über *am Gehäuse außen* vorliegende Messsignale geschlossen werden kann.

Zur Validierung des in dieser Arbeit entwickelten Messverfahrens erfolgte die Messung der Kavitationsintensität[13] sowohl am Gehäuse als auch mittels einer speziell entwickelten Sensorik in der Nabe einer rotierenden axialen Strömungsmaschine.

Es zeigte sich eine gute *qualitative* Übereinstimmung zwischen den am Gehäuse und den an der Schaufel gemessenen Signalintensitäten für zwei verschiedene Gasgehalte. Es wurde jedoch auch deutlich, dass die am Gehäuse gemessenen Absolutwerte in hohem Maße vom Kavitationstyp und -ort abhängen. Eine experimentelle Kalibrierung muss deshalb unter *realer* Kavitationseinwirkung erfolgen, entweder zu einem Referenzsignal in der rotierenden Nabe (Intensität) oder direkt zur Werkstoffschädigung (Aggressivität).

Das generierte *drehzahlunabhängige* akustische Kennfeld kann nichtsdestotrotz bereits ohne Kalibrierung zur Erhöhung der Effizienz genutzt werden, indem es als Referenzverhalten der Pumpe unter festgelegten Bedingungen abgelegt wird. Eine Abweichung zu diesem Kennfeld weist auf veränderte Kavitationsrandbedingungen im Betrieb gegenüber dem Referenzfeld hin (wie z. B. ungünstige Beaufschlagung der Pumpe durch eine bestimmte Prozessführung). Es wird somit die Überwachung des Kavitationsverhaltens einer drehzahlvariablen Pumpe ermöglicht.

---

[12] Der Begriff Kavitation beschreibt einen Vorgang, der lokale Dampfdruckunterschreitungen und schlagartige Rekondensation von Dampfblasen beinhaltet.
[13] Die Intensität der Kavitation wurde in dieser Arbeit über eine Effektivwertbetrachtung definiert.

3. Maßnahme: Spaltmaßbestimmung (Kapitel 5)

Als weiteres Potenzial zur Erhöhung der Energieeffizienz und der Verfügbarkeit in Fluidfördersystemen wird die *Überwachung des Bauteilzustands* der Pumpe behandelt. Dieser Teil der Arbeit befasst sich mit dem saugseitigen Dichtspalt, dessen Verschleißzustand für die Pumpeneffizienz maßgebend ist. Der Autorin sind keine Methoden bekannt, die eine Aussage über das Spaltmaß in Echtzeit zulassen würden.

An einer Spiralgehäusepumpe wurden Kennfelder der Druckdifferenz in Abhängigkeit des Volumenstroms und der Drehzahl für verschiedene Spaltweiten erstellt[14]. Um modell- und kennfeldbasiert vorgehen zu können, wurde zunächst experimentell die optimale Messposition am Umfang identifiziert, bei der die nicht rotationssymmetrische Strömung am wenigsten verfälschende Auswirkung auf die Messergebnisse hat.

Das Modell zur Verschleißbestimmung verwendet dann die im Betrieb gemessenen Größen *Volumenstrom, Druckdifferenz über den Spalt* und *Drehzahl*, um die Druckdifferenz im Radseitenraum zu berechnen und diesen berechneten Wert mit der gemessenen Druckdifferenz im Betrieb abzugleichen. Differenzen lassen auf Spaltmaßänderungen schließen. Die Kalibrierung des Modells erfolgt einmalig durch Anpassung des Gehäusereibwertes λ_w bei Inbetriebnahme der Pumpe bei Nenndrehzahl und für den Bestpunkt.

Mit dem Verfahren kann im gesamten Betriebsbereich von einer maximalen Überschätzung der realen Spaltmaßänderung von circa 5 Prozentpunkten ausgegangen werden.

Das Verfahren kann auf Fälle, in denen keine Reynoldsgleichheit vorliegt (z. B. bei drehzahlgeregelten Pumpen) erweitert werden. Die Genauigkeit nimmt in beiden Fällen um wenige Prozentpunkte ab, so dass von einer Überschätzung der Spaltmaßänderung von circa 10 Prozentpunkten ausgegangen werden kann.

Um auf die Übertragbarkeit des Verfahrens schließen zu können, wurden numerische Strömungssimulationen mit der CFD-Software Fluent durchgeführt. In der Simulation konnte die Messposition „vorne" bzw. am Sporn ($\delta = 0°$) als geeignete Messstelle zur Verschleißbestimmung bestätigt werden. Es kann davon ausgegangen werden, dass dies für alle nach dem Drallsatz ausgelegten Pumpen nach Spiralgehäusebauart gilt.

In dieser Arbeit wurde somit die Grundlage geschaffen, den Verschleißzustand des Dichtspalts in Pumpen nach Spiralgehäuseart modellbasiert zu bestimmen. Neben der Information über Volumenstrom und Drehzahl werden lediglich drei Absolutdrucksensoren zur Messung der für die Spaltmaßbestimmung relevanten Werte benötigt.

Fazit

In dieser Arbeit wurden somit in drei verschiedenen Bereichen Grundlagen gelegt, um die wirtschaftliche Effizienz eines Fluidfördersystems erhöhen zu können.

---

[14] Dabei wurde der Verschleißzustand des Spaltes durch das Einsetzen verschiedener Spaltringe simuliert.

6.2. Ausblick

Aufbauend auf dem in dieser Arbeit geschaffenen Forschungsstand ist es möglich, durch integrierte Messung verschiedener Größen in einer Spiralgehäusepumpe deren Zustand besser als bisher zu erfassen. Allerdings bieten sich zu allen drei vorgestellten Forschungsbereiche noch Ansatzpunkte zur weiteren Optimierung.

Ausblick zu Kapitel 3

Der „integrierte Volumenstromssensor" bietet folgenden weiteren Forschungsbedarf:

- Es stellt sich die Frage, ob die Positionierung der ausgewählten Messstelle Leit2_Leit1 weiter optimiert werden kann (genaue Positionierung des Winkels δ von der Spornspitze). Hierzu sollte erneut (wie in Kapitel 5.5) eine Strömungssimulation der gesamten Pumpe durchgeführt werden, um die optimale Messstelle zu identifizieren. Analog zu den Untersuchungen zur optimalen Messposition im Radseitenraum und am Spalt, müssten auch hier die interessierenden Messorte für die Volumenstrombestimmung in der FLUENT-Geometrie *vor* dem Start der instationären Simulation definiert werden, damit zu jedem Zeitschritt die Druckwerte für diese Messstellen abgespeichert werden.

- Die Ergebnisse gelten in dieser Arbeit für Spiralgehäusepumpen, die nach dem Drallsatz ausgelegt wurden. Die Übertragbarkeit auf Pumpen, welche nach dem Energieerhaltungssatz ausgelegt wurden, sollte überprüft werden. Hierzu ist es notwendig, experimentelle Untersuchungen mit ebensolchen Pumpen durchzuführen. Bei der Experiment-Auslegung kann analog der in dieser Arbeit vorgestellten Experimente vorgegangen werden.

- Die Korrektur bei Verletzung der Reynoldszahlgleichheit wurde in dieser Arbeit durch Veränderung der Reynoldszahlgleichheit durch Drehzahlvariation untersucht. Auf diese Weise wurde in dieser Arbeit geschlussfolgert, dass die Ergebnisse dieser Arbeit auch für Flüssigkeiten mit anderer Dichte oder Zähigkeit sowie auch für Pumpen anderer Baugröße gelten. Diese Annahme sollte experimentell verifiziert werden. Das heißt, es sollte untersucht werden, inwieweit die ermittelten Koeffizienten des Aufwerteansatzes auch bei Variation anderer Parameter als der Drehzahl im betrachteten Reynoldszahlbereich tatsächlich ihren Wert beibehalten. Hierzu sollten experimentelle Untersuchungen mit anderen geförderten Flüssigkeiten als Wasser durchgeführt werden.

Ausblick zu Kapitel 4

Die Bestimmung der Kavitationsintensität benötigt in folgenden Punkten weiterführende Untersuchungen:

- Systematische Kalibrierungsversuche des Übertragungsverhaltens von der kavitierenden Struktur zum Außengehäuse bei Variation des Betriebspunkts, der Kavitationszahl, des Gasgehalts und des Pumpentyps sollten zur Ermittlung einer empirischen Wissensbasis, aus der zuverlässige Kalibrierungsmodelle abgeleitet werden können, durchgeführt werden.

- Weiterhin sollten zusätzliche Kalibrierungsversuche auch die Werkstoffschädigung und somit die Kavitationsaggressivität erfassen.

- Mit einer ausreichend befüllten empirischen Datenbank könnten dann im Weiteren CFD-Modelle, die sowohl die akustische Übertragungsstrecke als auch die Kavitation abbilden, entwickelt und validiert werden. Nach Validierung können diese Modelle dann wiederum eingesetzt werden, um die Übertragungsstrecke mit einer Vielzahl unterschiedlicher Eingangsparameter zu bestimmen. Dies würde den experimentellen Aufwand für die Zukunft erheblich verringern.

Ausblick zu Kapitel 5

Die Bestimmung des Spaltverschleißes kann in nachfolgenden Punkten weiter verfolgt werden:

- Das modellbasierte Verfahren kann dahingehend erweitert werden, dass auch Rauhigkeitsänderungen im Radseitenraum festgestellt werden können, welche zu höheren Reibungsverlusten und somit zu einer Minderung der Energieeffizienz führen. Hierzu sollten experimentelle Versuche durchgeführt werden, um das in dieser Arbeit entwickelte Kennfeld zu erweitern und somit das (dann auf Einsatz bei rauem Radseitenraum erweiterte) Modell zur Spaltverschleißmessung auch für Rauhigkeitsänderungen im Radseitenraum validieren zu können.

- Die Übertragbarkeit der Methode auf andere Verschleißformen des Dichtspalts ist schließlich ebenfalls noch zu untersuchen. Hierzu sollten experimentelle Untersuchungen mit anderen Spaltringen in bspw. konischer Form durchgeführt werden.

Anhang:
Optimierung einer Pumpeneinheit durch autonome Drehzahladaption eines axialen Vorsatzlaufrades

Motivation der Untersuchung:

Es ist häufig notwendig, den Betriebspunkt einer Pumpe einem wechselnden Bedarf (z. B. erforderlicher Fluidstrom oder -druck, schwankende Wasserstandshöhe in einem Reservoir) anzupassen. Die Änderung des Betriebspunktes geht in der Regel mit Wirkungsgradeinbußen und mit einer Verschlechterung des Kavitationszustands in der Pumpe einher.

Sogenannte Inducer (auch Vorsatzlaufräder genannt) werden eingesetzt, um die Kavitationseigenschaften von Pumpen radialer Bauart zu verbessern (siehe Abbildung A-1). Ein Inducer besitzt meist eine schraubenförmige Geometrie, wird auf der gleichen Welle wie die Radialpumpe montiert und besitzt somit die gleiche Drehrichtung und Drehzahl wie die radiale Laufradstufe. Ziel eines Inducers ist es, der Radialpumpe einen Vordruck zu liefern, um somit deren Kavitationsneigung zu verringern (siehe Abbildung A-2).

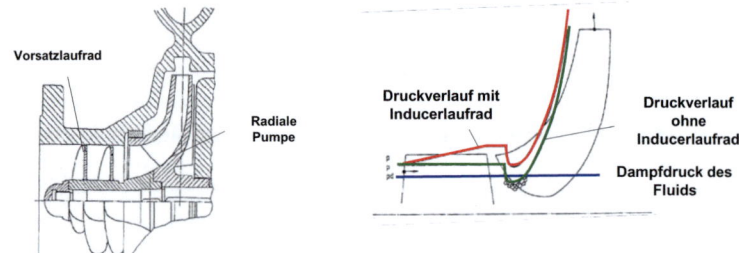

A-1: Schematische Darstellung einer Inducerpumpe[15]

A-2: Druckverläufe am Eintritt eines Radiallaufrades mit und ohne Inducer[16]

Der die Kavitationsneigung charakterisierende NPSHR-Wert der Pumpe mit Inducerlaufrad kann gegenüber dem Verlauf ohne Einsatz eines Inducers wie in Abbildung A-3 dargestellt verbessert werden: Die NPSHR-Kurve mit Vorsatzlaufrad verläuft im mittleren Betriebsbereich *unterhalb* der NPSHR-Kurve ohne Inducer – somit ist die Kavitationsneigung der Pumpe mit Inducer in diesem Bereich geringer als ohne Inducer.

Allerdings gibt es in starker Teil- und Überlast der Pumpe auch Bereiche, in denen es zu einer Verschlechterung der Kavitationseigenschaften der Pumpe durch den Einsatz eines

---

[15] Ochsner, K.: Entwicklungsstand bei Inducern für Kreiselpumpen. Ochsner Ges. M.B.H. & CO. KG, Sonderdruck C 339 D, 1988.
[16] Ochsner, K.: Part-load performance of inducer pumps, Proceedings of the Institution of Mechanical Engineers Heriot-Watt University, Edinburgh. Sonderdruck C 342/ 1988.

Inducers kommt. In starker Teillast kommt es im Allgemeinen in der Axialpumpe zu Kavitation, so dass der NPSHR-Wert der Axialpumpe den NPSHR-Wert der gesamten Pumpe bestimmt. In starker Überlast ist aufgrund der Kennliniencharakteristik des Vorsatzläufers die erzeugte Druckerhöhung gering, so dass der NPSHR-Wert der Radialpumpe durch die Druckerhöhung in der Regel nicht verbessert wird. Im Gegenteil: aufgrund des von dem Vorsatzlaufrad erzeugten Mitdralls findet bei starker Überlast sogar eine *Verschlechterung* der Kavitationseigenschaften der Radialpumpe statt (siehe Abbildung A-3).

Eine anschauliche Erklärung hierfür liefert Abbildung A-4, welche die Geschwindigkeitsdreiecke am Laufradeintritt der Radialpumpe für den idealen Fall einer stoßfreien Anströmung ($q = q_{stfr}$) und im Überlastbetrieb bei drallfreier Zuströmung darstellt (d.h. ohne Inducer). Es wird deutlich, dass der Strömungswinkel β_{1rad} (Winkel zwischen der Relativgeschwindigkeit w und der Umfangsgeschwindigkeit u) im Überlastbetrieb einer Pumpe zunimmt, da die Absolutgeschwindigkeit c bei gleicher Drehzahl n (und daher gleicher Umfangsgeschwindigkeit u) größer wird. Bei Einleitung eines Mitdralls am Eintritt der Radialpumpe wird die Vergrößerung des Strömungswinkels β_{1rad} noch verstärkt und demzufolge sind die Anströmung und die Kavitationseigenschaften der Radialpumpe im Überlastbetrieb mit Inducer schlechter als ohne Inducer.

Es wird davon ausgegangen, dass dieses Problem der inducerbedingten Kavitationseigenschaftsverschlechterung in manchen Betriebsbereichen durch den Einsatz eines drehzahl- und drehrichtungsunabhängigen axialen Vorsatzlaufrades gelöst werden kann.

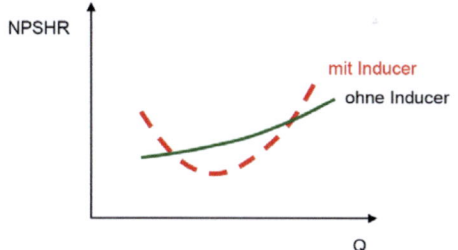

A-3: Schematische Darstellung des Inducereinflusses auf das NPSHR-Verhalten einer Pumpe

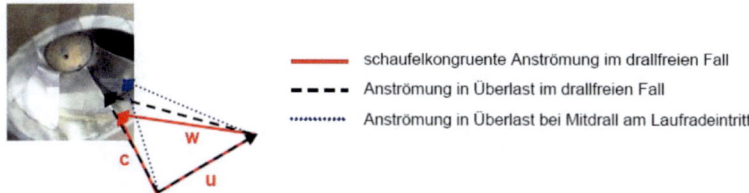

A-4: Einfluss eines Mitdralls am Laufradeintritt auf die Anströmung einer Pumpe im Überlastbetrieb

Ziel der Untersuchung:

Ziel der Untersuchung ist deshalb die Erarbeitung eines allgemeingültigen Grundverständnisses für die Interaktion zweier drehzahlunabhängiger, in hydrodynamischer Interaktion stehender Pumpenmodule in Bezug auf die auftretende Kavitation in beiden Pumpen sowie die Ableitung einer Optimierungsstrategie zur autonomen Drehzahladaption (siehe Abbildung A-5) des Axialmoduls für einen kavitationsarmen Betrieb der Pumpeneinheit.

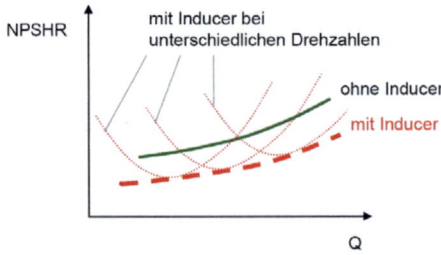

A-5: Schematische Darstellung der Optimierung des NPSHR-Verlaufs einer Pumpe über ihren gesamten Betriebsbereich durch autonome Drehzahlanpassung eines Inducerlaufrades

Versuchseinrichtung:

Abbildung A-6 stellt die aus einem Modul mit axialem Laufrad und einem Modul mit radialem Laufrad bestehende Pumpeneinheit dar. In den experimentellen Untersuchungen dieser Arbeit wurde das axiale Laufrad wie in Kapitel 2 beschrieben über einen Zahnriemen angetrieben.

Aufgrund der bereits erwähnten Verschlechterung der Anströmungsverhältnisse der Radialpumpe in starker Überlast (besonders kritischer Betriebsbereich, da der NPSHR-Verlauf der Pumpen steil ansteigt), wird in den nachfolgenden Versuchen ein „Gegendralllaufrad" verwendet, welches entgegen der Drehrichtung der radialen Pumpe läuft und im Pumpenbetrieb einen Drall gegen dem Drehsinn der Radialpumpe erzeugt.

Anhang 123

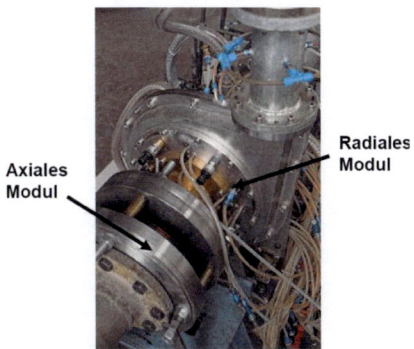

A-6: Versuchsträger mit mechanischem Antrieb (Prototyp I)

Bei Einleitung eines *Gegendralls* am Eintritt der Radialpumpe verkleinert sich wie in Abbildung A-7 dargestellt der Strömungswinkel β_{1rad}, so dass die Anströmung der Schaufel im Überlastbetrieb verbessert wird. Im Teillastbetrieb vergrößert sich der Winkel β_{1rad} wiederum, so dass die Fehlanströmung verstärkt wird und in diesem Betriebsbereich von einer Verschlechterung der Anströmverhältnisse auszugehen ist. Es stellt sich die Frage, ob die in Teillast erzeugte Druckerhöhung durch die Axialpumpe ausreicht, um der Verschlechterung der Anströmung der Radialpumpe entgegenzuwirken und um das Kavitationsverhalten der Pumpeneinheit insgesamt zu verbessern.

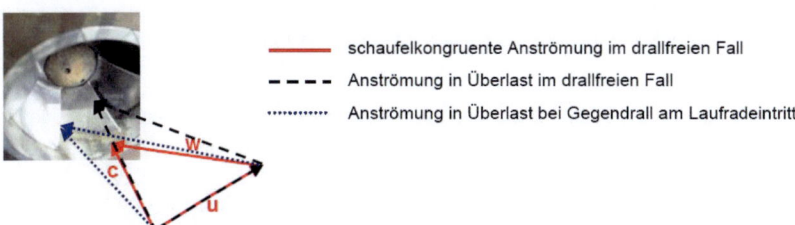

A-7: Einfluss eines Gegendralls am Laufradeintritt auf die Anströmung einer Pumpe im Überlastbetrieb

Aufbauend auf die mechanisch angetriebene Lösung des axialen Pumpmoduls wurden am Fachgebiet elektrische Energiewandlung der TU Darmstadt zwei weitere Prototypen entwickelt. Abbildung A-8 (links) zeigt die zweite Entwicklungsstufe des Axialmoduls. In dieser Konstruktionsvariante wird der Läufer über einen integrierten Synchron-Motor mit Permanentmagneten angetrieben (bei identischer dynamischer Abdichtung und Lagerung durch Rillenkugellager wie beim ersten Prototyp). Der dritte Prototyp (rechts) besitzt sowohl einen integrierten Antrieb als auch eine Magnetlagerung und kann somit ohne Welle auskommend direkt in die Rohrleitung der Anlage eingesetzt werden. Auf diese Weise ist es möglich, das Axialmodul sowohl als einzelne Pumpe zu betreiben, als es auch unmittelbar vor oder nach einer weiteren Pumpe einzubauen, wo es als Modul der mehrstufigen, drehzahlautonomen Pumpeneinheit dient.

Mögliche Optimierungsstrategie: Schutz der radialen Pumpe vor Kavitation

Für die autonom betriebene Axialpumpe gibt es die verschiedensten Regelstrategien. Eine besteht darin, die autonome Drehzahlanpassung des axialen Pumpenmoduls derart zu gestalten, dass das radiale Laufrad bei verschiedenen Fördermengen stets schaufelkongruent angeströmt wird. Diese optimale Anströmung führt nämlich zu einem annähernd optimalen Kavitationsverhalten und einer hohen Energieeffizienz der Radialpumpe.

A-8: Prototypen des Axialmoduls in unterschiedlichen Entwicklungsstufen -
Prototyp II: mit integriertem Antrieb und konventioneller Lagerung (linkes Bild)
Prototyp III: mit integriertem Antrieb und Magnetlagerung (rechtes Bild)

Die einzustellende Drehzahl zur optimalen Anströmung der Radialpumpe kann durch Betrachtung der Geschwindigkeitsdreiecke am Ein- und Austritt der Axialpumpe bestimmt werden. Hierbei sind die Minderumlenkung am Laufradaustritt sowie der Versperrungseffekts am Eintritt der Radialpumpe zu berücksichtigen. Ausgehend von der optimalen Anströmung der Radialpumpe wird unter Berücksichtigung des Versperrungseffektes auf das unter Berücksichtigung der Minderumlenkung geforderte Geschwindigkeitsdreieck am Austritt der Axialpumpe geschlossen. Dieses zur optimalen Anströmung der Radialpumpe geforderte Geschwindigkeitsdreieck am Laufradaustritt der Axialpumpe wiederum bestimmt eindeutig die geforderte Drehzahl für dieselbe. Somit wird aus einer gewünschten optimalen Anströmung der Radialpumpe (gewünschtes Geschwindigkeitsdreieck an deren Eintritt) letztlich auf die zur Erreichung dieser Strömungsverhältnisse geforderte Drehzahl der Axialpumpe geschlossen.

Eine weitere (in dieser Arbeit experimentell nicht umgesetzte) Möglichkeit, schaufelkongruente Anströmung für die Radialpumpe einzustellen, könnte durch Einsatz der in Kapitel 3 vorgestellten Messung der Druckdifferenzen am Leitringumfang erfolgen. Die axiale Drehzahl wäre dann so zu regeln, dass die Differenz der statischen Drücke (Messpositionen Leit_1 und Leit_2) Null wird, da dann rotationssymmetrische Strömungsverhältnisse und somit eine schaufelkongruente Zuströmung entsprechend der Spiralauslegung vorliegt. Diese Möglichkeit wurde jedoch nicht weiter untersucht.

Wird die Radialpumpe durch Drehzahlregelung der Axialpumpe in jedem Betriebspunkt schaufelkongruent angeströmt, so „opfert" sich das axiale Laufrad. Bei *einem* bestimmten Drehzahlverhältnis (nachfolgend als „optimales Drehzahlverhältnis" bezeichnet) stellt sich zwar in *einem* Betriebspunkt eine schaufelkongruente Anströmung am Pumpeneintritt *beider Pumpen* ein – um die radiale Stufe jedoch bei allen anderen Betriebspunkten ebenfalls schaufelkongruent anströmen zu können, muss in Kauf genommen werden, dass die Axialpumpe wie in Abbildung A-9 gezeigt zumeist ungünstig beaufschlagt wird. Dieser Vorgang ist identisch zum Fall eines (feststehenden) Vordrallleitrades, welches ebenfalls nur bei *einer* Winkelstellung optimal angeströmt wird und jenseits dieses Betriebspunktes einer Fehlanströmung ausgesetzt ist, soll das nachfolgende Laufrad in unterschiedlichen Betriebspunkten weiterhin schaufelkongruent angeströmt werden.

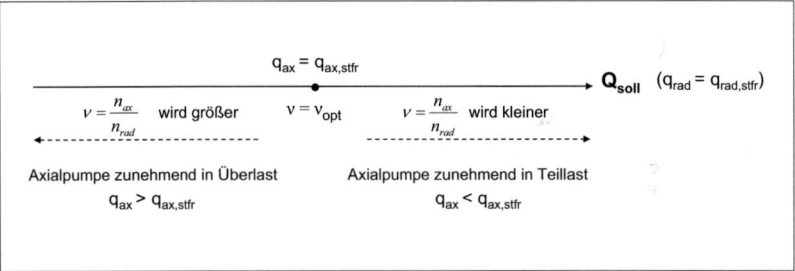

A-9: Auswirkung der Drehzahlanpassung der Axialpumpe in Hinblick auf eine schaufelkongruente Anströmung des radialen Laufrades auf den Betriebspunkt der Axialpumpe

Abbildung A-10 stellt den gemessenen $NPSH_{3\%}$-Verlauf der Radialpumpe alleine (bei ausgebautem Gegendrallmodul) im Vergleich zum gemessenen $NPSH_{3\%}$-Verlauf der gesamten Pumpeneinheit bei Verwendung eines auf schaufelkongruente Anströmung der Radialpumpe optimierten Gegendralllaufrades dar.

Im *Teillastbetrieb* ist das Kavitationsverhalten der Pumpeneinheit (also bei Einsatz des Gegendralllaufrades) sogar schlechter als für die Radialpumpe alleine: Die $NPSH_{3\%}$-Kurve verläuft *oberhalb* der Referenzkennlinie der Radialpumpe ohne Vorpumpe.

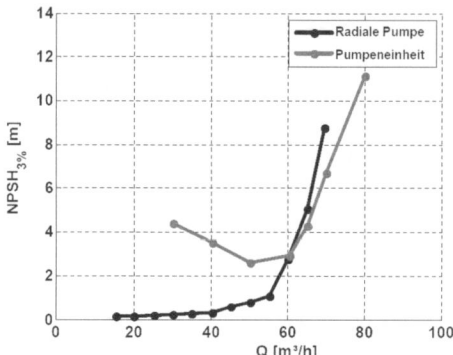

A-10: NPSH$_{3\%}$-Verläufe der n$_s$20- Radialpumpe ohne und mit Inducerlaufrad (Gegendrall-Laufrad) bei einer Drehzahlregelung mit dem Ziel einer schaufelkongruenten Anströmung des Radiallaufrades

Die Verschlechterung des Kavitationsverhaltens in diesem Bereich hat zwei Ursachen:

- Erstens muss die Axialpumpe mit Gegendralllaufrad in starker Überlast betrieben werden, um der Radialstufe einen *Mitdrall* bereitstellen zu können. Nur durch einen Mitdrall am Laufradeintritt, welcher den Strömungswinkel vergrößert, kann die eigentlich vorliegende Verkleinerung des Strömungswinkels an der Radialpumpe im Teillastbetrieb kompensiert werden. Das bedeutet allerdings, dass das Axialmodul vom Pumpbetrieb in den Bremsbetrieb bzw. sogar in den Turbinenbetrieb übergeht. Einerseits wird demnach der Anströmwinkel der Radialpumpe zwar verbessert (was zu einer Verbesserung des NPSHR-Wertes der Radialpumpe führt), andererseits wird durch den Turbinenbetrieb der Axialpumpe der Druck am Eingang der Radialpumpe verringert und somit die Kavitationsneigung derselben erhöht.

- Zweitens werden durch den Betrieb in starker Überlast die Kavitationseigenschaften des axialen Laufrades schlechter. Da der NPSH$_{3\%}$-Wert der Pumpeneinheit, bestehend aus Radial- und Axialpumpe, näherungsweise das Maximum der Einzel-NPSH$_{3\%}$-Werte ist, wird dieser durch eine Verschlechterung der Kavitationseigenschaft der Axialpumpe erhöht.

Im *Überlastbetrieb* wiederum kann durch Einsatz des Gegendralllaufrades eine Verbesserung des Kavitationsverhaltens erzielt werden: Die NPSH$_{3\%}$-Kurve verläuft hier unterhalb der Referenzkennlinie des alleinigen Radialpumpenbetriebs.

Die Verbesserung des Kavitationsverhaltens in diesem Bereich hat mehrere Ursachen:

- Die Anströmung der Radialpumpe ist durch den Einsatz der Axialpumpe in allen Betriebspunkten schaufelkongruent.

- Durch den Betrieb in Teillast erzeugt die Axialpumpe eine *positive* Druckerhöhung (Pumpbetrieb) und setzt somit den erforderlichen NPSH-Bedarf der Radialpumpe herab.

- Der NPSHR-Wert des in Teillast betriebenen Axiallaufrades ist niedriger als der ursprüngliche NPSHR-Wert der Radialpumpe in Überlast bei drallfreier Zuströmung, so dass eine Verbesserung des $NPSH_{3\%}$-Verlaufs der Pumpeneinheit überhaupt stattfinden kann. Jedoch kann der NPSHR-Wert der in Teillast betriebenen Axialpumpe durchaus höher liegen als der resultierende, neue NPSHR-Wert der Radialpumpe. In diesem Fall würde der NPSHR-Wert der Pumpeneinheit auch hier durch denjenigen der Axialpumpe bestimmt werden.

Die Wahrscheinlichkeit ist hoch, dass der NPSHR-Wert der Pumpeneinheit durch den NPSHR-Wert der Axialpumpe bestimmt wird, da bei Axialpumpen im Allgemeinen der NPSHR-Verlauf rechts und links des Minimums steil ansteigt. Deshalb ist die Verbesserung des Kavitationsverhaltens der Pumpeneinheit oft durch das Kavitationsverhalten der Axialpumpe begrenzt.

Es wurde deshalb nachfolgend untersucht, ob es nicht von Vorteil ist, die Axialpumpe jeweils bei niedriger Kavitation zu betreiben (schaufelkongruente Anströmung bei jeder Drehzahl). Die Radialpumpe wird dann nur beim optimalen Drehzahlverhältnis schaufelkongruent angeströmt. In den anderen Betriebsbereichen findet zwar keine optimale Anströmung statt, unter Umständen wird jedoch weiterhin eine Verbesserung gegenüber dem Einzelbetrieb der Radialpumpe erreicht. Der Axialpumpen-optimierte Betrieb könnte unterm Strich also zu einer Verbesserung des Gesamtverhaltens führen.

Mögliche Optimierungsstrategie: niedrige Kavitation in der Axialpumpe

Wie bereits anhand der Überlegungen bezüglich der radialen Laufradanströmung gezeigt wurde (Abbildung A-7), bedeutet ein Gegendrall am Laufradeintritt eine Verkleinerung des Anströmwinkels am Laufradeintritt. Im Teillastbetrieb wird das radiale Laufrad bereits mit einem zu flachen Winkel angeströmt, so dass der Gegendrall die Anströmung der Radialpumpe zusätzlich verschlechtert.

Durch Einsatz des Gegendralllaufrades verschiebt sich der Punkt der schaufelkongruenten Zuströmung des Radiallaufrades zu einem höheren Volumenstrom (siehe Abbildung A-11). Da die Drehzahl des Axiallaufrades nicht mehr auf die schaufelkongruente Anströmung der Radialpumpe geregelt ist, sondern auf eine schaufelkongruente Axiallaufradanströmung, nimmt die Verbesserung der Anströmung der Radialpumpe durch das Inducerlaufrad ab diesem Punkt wieder ab.

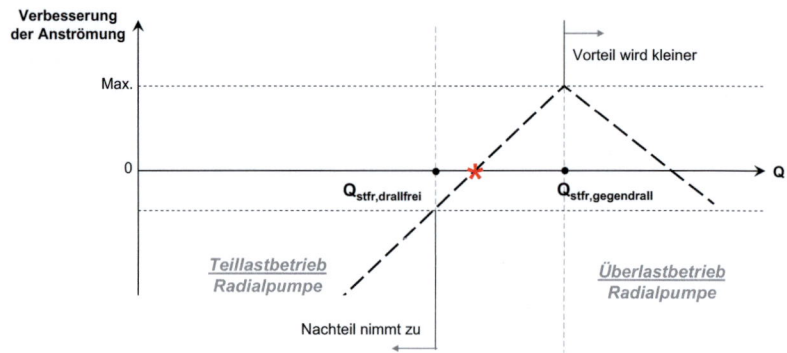

A-11: Auswirkung der Drehzahlanpassung der Axialpumpe in Hinblick auf eine schaufelkongruente Anströmung des axialen Laufrades auf die Anströmung der Radialpumpe

Die einzustellenden Drehzahlen zur schaufelkongruenten Anströmung der Axialpumpe ergeben sich aus den Geschwindigkeitsbeziehungen am Laufradeintritt der Axialpumpe bei drallfreier Zuströmung. Abbildung A-12 stellt das Messergebnis des $NPSH_{3\%}$-Verlaufs der Radialpumpe mit und ohne Vorsatzlaufrad dar.

Aufgrund der oben aufgeführten verstärkten Fehlanströmung im Teillastbetrieb wird der NPSHR-Verlauf auch hier im Teillastbetrieb ($Q < 46{,}1$ m^3/h) durch das Inducerlaufrad verschlechtert. Allerdings fällt diese Verschlechterung deutlich geringer aus als im zuvor untersuchten Fall der Radialpumpen-optimierten Anströmung.

In Überlast findet erneut eine Verbesserung der Kavitationseigenschaften statt. Diese Verbesserung ist betragsmäßig sogar größer als bei Radialpumpen-optimierter Anströmung (Abbildung A-10). Die Optimierung der Anströmung der Axialpumpe liefert also über den gesamten Betriebsbereich bessere Ergebnisse als die Optimierung der Anströmung der Radialpumpe.

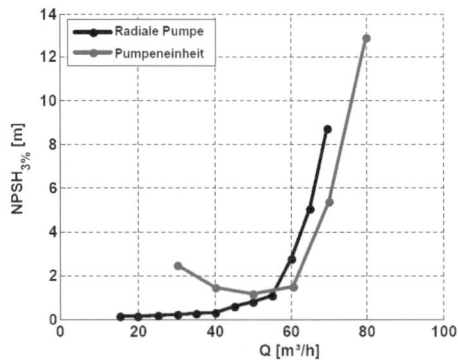

A-12: NPSH$_{3\%}$ Verläufe der n$_s$20- Radialpumpe ohne und mit Inducerlaufrad (Gegendrall-Laufrad) bei einer Drehzahlregelung mit dem Ziel einer schaufelkongruenten Anströmung des Axiallaufrades

Der Grund dafür ist, dass das Axiallaufrad zwar im gesamten Betriebsbereich den statischen Druck vor der Radialpumpe erhöht (und meist auch die Anströmung der Radialpumpe verbessert), dies aber nicht „um jeden Preis" tut – eine möglichst gute Anströmung der Radialpumpe wird hier nun nicht mehr mit teilweise extrem schlechten NPSHR-Werten der Axialpumpe „erkauft". Dies hat letztlich eine positive Auswirkung auf das Gesamtverhalten der Pumpeneinheit.

Es ist zu überlegen, ob diese Beobachtungen allgemeingültig sind oder nur für die vorliegenden Laufradgeometrien gelten. Nachfolgend wird eine allgemeingültige Berechnungsmethode vorgeschlagen, um die in Hinblick auf Kavitation in beiden Pumpen optimale Drehzahl einer Vorsatzpumpe zu ermitteln.

Optimierung der Kavitationseigenschaften der Pumpeneinheit

Um einen kavitationsfreien Betrieb einer Pumpe zu gewährleisten, muss der Totaldruck an dem mit x bezeichnetem Ort des minimalen Druckes auf der Oberfläche der Schaufeln der Pumpe größer als der Dampfdruck p_v des Fluids sein. Der Totaldruck am Ort x der Schaufel berechnet sich aus dem von der Anlage zur Verfügung gestellten Totaldruck abzüglich der Druckverluste p_{verl}, die bis zum Ort x der Schaufeln auftreten.

$$p_{tot} - p_{verl} \geq p_v \qquad \textbf{(6-1)}$$

Oder als Druckhöhe ausgedrückt:

$$\frac{p_{tot}}{\rho g} - \frac{p_{verl}}{\rho g} \geq \frac{p_v}{\rho g} \qquad \textbf{(6-2)}$$

Daraus folgt:

$$\frac{p_{tot} - p_v}{\rho g} \geq \frac{p_{verl}}{\rho g} \quad (6\text{-}3)$$

Der linke Term der Gleichung wird als NPSHA (A steht für „available") bezeichnet und entspricht der von der Anlage *zur Verfügung gestellten* „Druckreserve" gegenüber dem Verdampfen der Flüssigkeit. Der rechte Term wird als NPSHR (R steht für „required") bezeichnet und entspricht dem Druckreserven*bedarf* der Pumpe, der sich aufgrund der pumpenspezifischen Druckverluste bis zum Ort x der Schaufeln ergibt.

Für die Axialpumpe bestimmt sich der NPSHR$_{ax}$-Wert zu:

$$NPSHR_{ax} = \frac{1}{g} \cdot \left(\lambda_{w,ax} \cdot \frac{w_0^2}{2} + \lambda_{c,ax} \cdot \frac{c_0^2}{2} \right) \quad (6\text{-}4)$$

wobei $\lambda_{c,ax}$ den Widerstandsbeiwert im Saugstutzen und $\lambda_{w,ax}$ den Widerstandsbeiwert der Beschaufelung bezeichnet.

Die Summe der Druckhöhenverluste im Saugstutzen und bis zum Ort x der Schaufeln ergibt die Druckhöhenreserve, die von der Anlage zur Verfügung gestellt werden sollte, um einen kavitationsfreien Betrieb zu ermöglichen.

Während der Widerstandsbeiwert im Saugmund $\lambda_{c,ax}$ annähernd konstant ist (der Wert ist meist nur wenig größer als 1), hängt der Widerstandsbeiwert $\lambda_{w,ax}$ hauptsächlich vom Anströmwinkel, jedoch auch vom Kavitationszustand ab. Es existieren deshalb für den Kavitationsbeginn (NPSHR$_i$) und für den 3%igen Förderhöhenabfall (NPSHR$_{3\%}$) unterschiedliche λ_w-Werte. Für einen definierten Kavitationszustand hängt der $\lambda_{w,ax}$-Wert der Axialpumpe lediglich von dem Winkel der Anströmung ab.

Der erforderliche NPSHR$_{rad}$-Wert der Radialpumpe kann ebenfalls rechnerisch bestimmt werden. Die von der Radialpumpe benötigte Druckhöhenreserve ist um die von der Axialpumpe gelieferte statische Förderhöhe vermindert und kann somit nach folgender Gleichung bestimmt werden:

$$NPSHR_{rad} = \frac{1}{g} \cdot \left(\lambda_{w,rad} \cdot \frac{w_0^2}{2} + \lambda_{c,rad} \cdot \frac{c_0^2}{2} \right) - \frac{\Delta p_{ax,stat}}{\rho \cdot g} \quad (6\text{-}5)$$

Die Berechnung des optimalen NPSHR-Wertes der *Pumpeneinheit* kann nun iterativ wie in Abbildung A-13 dargestellt erfolgen.

Um die Berechnung durchführen zu können, müssen die Angaben (A), (B), (C) aus Abbildung A-13 vorliegen. Dabei ist

(A): Die Abhängigkeit des Widerstandbeiwertes $\lambda_{w,ax}$ von dem Winkel der Anströmung am Laufradeintritt des axialen Laufrades $\beta_{1,ax}$. Dieser Zusammenhang kann z. B. aus der experimentell bestimmten NPSH$_{3\%}$ Kurve der Axialpumpe (alleine gemessen) bestimmt werden.

(B): Die Abhängigkeit der statischen Druckerhöhung $\Delta p_{ax,stat}$ der Axialpumpe zum Volumenstrom Q. Diese kann ebenfalls durch Messung an der Axialpumpe (alleine gemessen) bestimmt werden.

(C): Die Abhängigkeit des Widerstandbeiwertes $\lambda_{w,rad}$ von dem Winkel der Anströmung am Laufradeintritt des radialen Laufrades $\beta_{1,rad}$. Dieser Zusammenhang kann analog zu (A) aus der experimentell bestimmten NPSH$_{3\%}$ Kurve der Radialpumpe (alleine gemessen) berechnet werden.

Für einen Sollvolumenstrom Q und eine axiale Drehzahl $n_{ax,i}$ (Iterationsbeginn) lassen sich die Geschwindigkeitsbeziehungen am Laufradeintritt und somit auch der Winkel der Laufradzuströmung $\beta_{1,ax}$ bestimmen. Die Berechnung des NPSHR$_{ax}$-Wertes erfolgt mit Gleichung (6-4).

Der NPSHR$_{rad}$-Wert der Radialpumpe kann nach Gleichung (6-5) mit den Beziehungen (B) und (C) bestimmt werden.

Der NPSHR-Wert der Pumpeneinheit NPSHR$_{PE}$ entspricht dem *größeren* Wert von NPSHR$_{ax}$ und NPSHR$_{rad}$.

Im nächsten Iterationsschritt wird die axiale Drehzahl um eine festgelegte (Drehzahl-)-Schrittweite erhöht und der NPSHR$_{PE}$-Wert der Pumpeneinheit erneut bestimmt. Das Verfahren wird so lange fortgesetzt, bis der NPSHR$_{PE}$-Wert eines Iterationsschrittes größer ist, als der im letzten Iterationsdurchgang berechnete Wert. Die Drehzahl des im letzten Iterationsdurchgang bestimmten NPSHR$_{PE}$-Wertes entspricht der in Hinblick auf Kavitation in beiden Pumpen optimalen Drehzahl der Vorsatzpumpe.

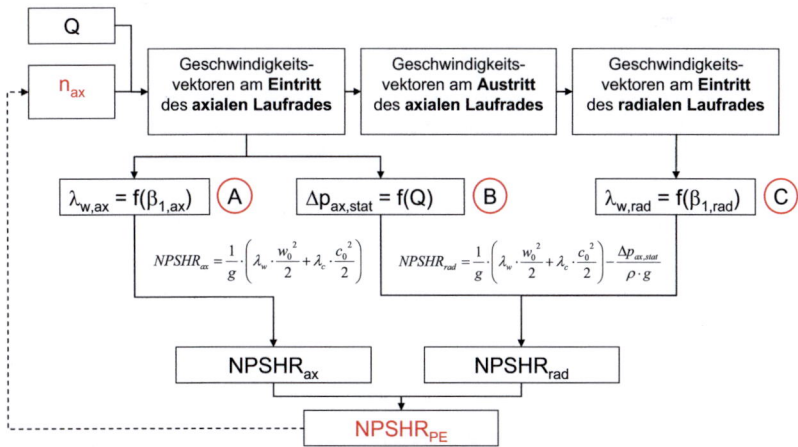

A-13: Berechnungsmethode zur Ermittlung der axialen Drehzahl zur Erzielung des optimalen NPSHR-Werts der Pumpeneinheit

Ausblick

Wie beim bereits angeführten Beispiel der feststehenden Vorleitschaufeln, die den Drall vor einer Pumpe regeln, ist es auch mit einem rotierenden Vorsatzlaufrad nicht möglich, in jedem Betriebspunkt günstige Anströmungsverhältnisse am Eintritt beider Beschaufelungen (Radialpumpe und Vorleitschaufeln bzw. Radialpumpe und Axialpumpe) zu schaffen. Im Falle der Vorleitschaufeln wird derzeit der Weg geteilter Schaufeln gegangen[17]. Analog hierzu müssten der Aufwand und die konstruktive Umsetzbarkeit einer verstellbaren axialen Schaufelgeometrie im dritten Prototyp (Abbildung A-8) überprüft werden.

Mit den in dieser Arbeit vorgestellten Prototypen ist die Drehzahloptimierung der Pumpeneinheit nur in Hinblick auf Kavitation sinnvoll, da alle drei Versionen der Axialpumpenprototypen sehr schlechte Wirkungsgrade besitzen (in der Größenordnung von 10-15%). Die Pumpeneinheit erfüllt somit aus energetischer Sicht die Fluidförderaufgaben schlechter als die Radialpumpe ohne Vorpumpe.

Die Gründe für die schlechten Wirkungsgrade sind bei den beiden ersten Prototypen auf die hohen Reibungsverluste der dynamischen Dichtungen zurückzuführen. Diese Reibungsverluste sind deshalb so hoch, da die jeweils abgedichtete Welle einen großen Durchmesser besitzt (100 mm), die jeweilige Dichtung bei hohen Drehzahlen gegen Über- und Unterdruck abdichtet und somit eine hoch beanspruchte und große Reibfläche vorliegt.

Bei dem dritten Prototyp ergeben sich aufgrund der vergleichsweise langen Baulänge (800 mm), welche zur Unterbringung der Magnetlagerung und des integrierten Antriebes notwendig ist, sehr hohe Fluidreibungsverluste an den rotierenden Läuferflächen (speziell im Spalt zwischen Läufer und Rotor).

Bei einem besseren Wirkungsgrad der Axialpumpe könnte die Optimierung der Pumpeneinheit auch bezüglich einer geringen Gesamtleistungsaufnahme erfolgen. Hierbei wäre zunächst das Regelziel, mittels der optimierten Drehzahl der Axialpumpe die Gesamtleistungsaufnahme der Pumpeneinheit bei gegebener Förderaufgabe zu minimieren. Im nächsten Schritt könnte dann zusätzlich die Leistungsabgabe der in manchen Betriebsbereichen im Turbinenbetrieb laufenden Axialpumpe als Energiequelle genutzt werden.

---

[17] Bross, S. und Stark, U.: Entwicklung neuer Schaufelgitter aus Profilen variabler Geometrie zum Einsatz in Leiträdern drallgeregelter Turbomaschinen – Teil I. Forschung im Ingenieurwesen – Engineering Research. Band 60, Nr. 5, 1994.

Literaturverzeichnis

[Ach09]　Achema Trendbericht: Rotating equipment: Verfügbarkeit und Energiekosten haben Priorität. Trendbericht Nr.1 Pumpen, Armaturen, Kompressoren. Frankfurt am Main, 11-15 Mai 2009.

[Alt72]　Altmann, D.: Beitrag zur Berechnung der turbulenten Strömung im Axialspalt zwischen Laufrad und Gehäuse von Radialpumpen. Dissertation, TH Otto von Guericke Magdeburg, 1972.

[Aen02]　Aenis, M.: Einsatz aktiver Magnetlager zur modellbasierten Fehlerdiagnose in einer Kreiselpumpe. Dissertation TU Darmstadt, Aachen: Shaker Verlag, 2002. ISBN 3-8322-0874-7

[Ago89]　D'Agostino/ L. Brennen, C.E.: Linearized dynamics of spherical bubble clouds, Journal of Fluid Mechanics, Vol. 19920, pp.157ff, 1989.

[Bac04]　Bachert B.: Zusammenhang zwischen visueller Erscheinung und erosiver Aggressivität kavitierender Strömungen. Dissertation TU Darmstadt, 2004.

[Bac05]　Bachert, B. / Ludwig, G./ Stoffel, B./ Baumgarten, S.: Comparison of Different Methods for the Evaluation of Cavitation Damaged Surfaces. Proceedings of FEDSM2005, Houston, Texas, June 19-23, 2005.

[Bah00]　Bahm, F.: Das Axialschubverhalten von einstufigen Kreiselpumpen mit Spiralgehäuse. Dissertation, Universität Hannover, 2000.

[Bec03]　Beck, W.: Warum die Lebenszykluskosten von Pumpen so wichtig sind. Chemie Technik, Nr. 11, 2003. S. 50-51

[Bey08]　Beyer, M.: Wie genau ist ihr Sensor? Ein Wegweiser durch den Dschungel der Genauigkeitsangaben. MSR Magazin 5, 2008.

[Böh98]　Böhm, R.: Erfassung und hydrodynamische Beeinflussung fortgeschrittener Kavitationszustände und ihrer erosiven Aggressivität. Dissertation, TU Darmstadt, Düsseldorf: Shaker Verlag, 1998.

[Bre94]　Brennen, C.E.: Hydrodynamics of pumps. Oxford: Oxford University Press, 1994. ISBN 0-933283-07-5　pp. 65; 250-251

[Bre00]　Brenner, P.: Jets from a singular surface. Nature, Vol. 403, Nr. 27, January 2000. pp. 377-378

[Bre07]　Breuer, M.: Numerische Strömungsmechanik. Vorlesungsskript zur Vorlesung, Lehrstuhl für Strömungsmechanik, Universität Erlangen-Nürnberg, 2007.

[Bro97] Brodersen, B./ Bross, S. /Böhm, R./ Stoffel, B.: How to Measure the Hydraulic Cavitation Intensity HCI in Pumps. Festschrift zum Jubiläum 100 Jahre Turbomaschinen und 50 Jahre Fluidantriebstechnik an der TU Darmstadt, 1997.

[But09] Butzek, N.: Modellbasierte Verfahren zur online Fehlerdiagnose an einer Kreiselpumpe in aktiven Magnetlagern, Dissertation, TU Darmstadt, 2009.

[Cho06] Choffat, T./ Fortes Patella, R./ Barre, S.: Comparison between two approaches to simulate the mass loss in Cavitation Erosion. 6th International symposium on Cavitation, Wageningen, the Netherlands, September 2006.

[Cou03] Coutier-Delgosha. O./ Fortes-Patella/ R. Reboud, J.L./ Hofmann, M./ Stoffel, B.: Experimental and Numerical Studies in a Centrifual Pump With Two Dimensional Curved Blades in Cavitating Condition. Journal of Fluids Engineering, Transactions of the ASME, Vol. 125, November 2003. pp. 970-978

[Cre67] Cremer, L./ Heckl, M.: Körperschall. Physikalische Grundlagen und technische Anwendungen. Berlin: Springer, 1967. ISBN 3-540-40336-1

[Dan04] Danitschek, M. et. al.: Pump condition monitoring with one intelligent vibration sensor. Training Seminar, Pump Users International Forum 2004, 29.-30. September 2004.

[Den09a] Deutsche Energie-Agentur GmbH (Dena): Erfolgsbilanz bei Pumpensystemen: Energieeffizienz lohnt sich.
URL (http://www.dena.de/de/themen/thema-strom/publikationen/print/publikation/erfolgsbilanz-bei-pumpensystemen/)
Zugriff im August 2009

[Den09b] Deutsche Energie-Agentur GmbH (Dena): Lebenszykluskosten von Pumpen und Pumpensystemen.
URL (http://www.initiative-energieeffizienz.de/page/fileadmin/InitiativeEnergieEffizienz/system-effizienz/downloads/Lebenszykluskosten.pdf)
Zugriff im August 2009

[Den09c] Deutsche Energie-Agentur GmbH (Dena): Sicherheit, Zuverlässigkeit und Verfügbarkeit von Pumpen und Pumpensystemen.
URL (http://www.initiative-energieeffizienz.de)
Zugriff im August 2009

[Den09d] Deutsche Energie-Agentur GmbH (Dena): Wartung und Instandhaltung von Pumpen und Pumpensystemen.
URL (http://www.industrie-energieeffizienz.de/fileadmin/
InitiativeEnergieEffizienz/referenzprojekte/images/
Pumpensysteme_alleFactsheets.pdf)   Zugriff im August 2009

[Dor63]	Dorfmann, L.A.: Hydrodynamic resistance and the heat loss of rotating solids, Oliver & Boydm Edinburgh, 1963.
[DP01]	Deutsches Patent- und Markenamt: Verfahren zur Regelung einer Fördergröße einer Pumpe. Offenlegungsschrift DE 199 31 961 A 1, 2001.
[DP03]	Deutsches Patent- und Markenamt: Mengenmessung. Offenlegungsschrift DE 103 59 726 A1, 2003.
[DP54]	Deutsches Patentamt: Verfahren zur Bestimmung und Erlangung des Betriebspunktes besten Wirkungsgrades bei einer Strömungs- Arbeitsmaschine mit Abströmung des Fördermittels durch eine Spirale. Patentschrift 1 009 927, 1954.
[Dul05]	Dular, M.: Development of a method for the prediction of cavitation erosion in hydraulic machines. Dissertation, University of Ljubljana, 2005.
[Esc03]	Escaler, X./ Farhat, M./ Avellan, F./ Egusquiza, E.: Cavitaton erosion tests on a 2D hydrofoil using surface-mounted obstacles. Wear 254, 2003. pp.441-449
[Emo08]	Emotron GmbH: Belastungssensor mit vielen Funktionen. Δp, Januar 2008. S. 50-51.
[EP94]	Europaisches Patentamt: Kreiselpumpengehäuse mit Fördermengenmesseinrichtung. Patentanmeldung EP 0 641 997 A1, 1994.
[Eur05]	Eurostat: Energy. Yearly statistics, 2005. Statistical books 2007 edition. ISBN 978-92-79-06483-8
[Eur08]	Europump AISBL: European pump industry energy commitment, 2008.
[Flu96]	Fluent Incorporated: User's Guide for Fluent, Release 6, 2003.
[För82]	Förster, R.: Entwicklung eines Diagnoseverfahrens für die Abnutzung der inneren Dichtung in einstufigen radialen Kreiselpumpen, Pumpen und Verdichter, Heft 2, 1982. S. 25-31
[For01]	Fortes-Patella, R./ Challier, G./ Reboud, J.L.: Cavitation erosion mechanism: Numerical Simulations of the Interaction between Pressure Waves and Solid Boudaries. International Symposium on Cavitation, 2001.
[Fra07]	Frahnow, R.: Massendurchfluss und Dichtemessung mit einer resonanten Messzelle in Volumenmikromechanik, Dissertation, TU Chemnitz, 2007
[Fuk06a]	Fukaya, M./ Udo, R./ Ono, S.: Prediction of Cavitation Intensity in Pumps by Using Multi-Point Vibration Acceleration Measurement. 6th International symposium on Cavitation, Wageningen, the Netherlands, September 2006.

[Fuk06b] Fukaya, M./ Udo, R./ Ono, S./ Soyama, H.: Experimental Prediction Method of Cavitation Erosion in Pumps by Using Aluminum Sheet. 6th International symposium on Cavitation, Wageningen, the Netherlands, September 2006.

[Gei85] Geiger, G.: Technische Fehlerdiagnose mittels Parameterschätzung und Fehlerklassifikation am Beispiel einer elektrisch angetriebenen Kreiselpumpe. Dissertation, TH Darmstadt, Düsseldorf: VDI Verlag, 1985. ISBN 3-18-149108-X

[Gra84] Grabner, A.: Fault Diagnosis and performance monitoring for pumps by means of vibration measurement and pattern recognition. Akademie der Wissenschaften der DDR, Zentralinstitut für Kernforschung Rossendorf. Dresden, 1984. ISSN 0138-2950

[Gül99] Gülich, J-F.: Kreiselpumpen: Ein Handbuch für Entwicklung, Anlagenplanung und Betrieb. Berlin: Springer, 1999. ISBN 3-540-56987-1

S. 98-100; S. 426

[Gül03] Gülich, J.: Effect of Reynolds Number and Surface Roughness on the Efficiency of Centrifugal Pumps. Transactions of the ASME, Vol. 125, July 2003. pp. 670-679

[Gug04] Gugau, M.: Ein Beitrag zur Validierung der numerischen Berechnung von Kreiselpumpen. Dissertation, TU Darmstadt, Düsseldorf: Shaker Verlag, 2004. ISBN 3-8322-2631-1

[Hau04] Haus, F. et al.: Störungsfrüherkennung an oszillierenden Verdrängerpumpen. Unterlagen zum Weiterbildungsseminar, Pump Users International Forum 2004, 29.-30. September 2004.

[Hau06] Haus, F.: Methoden zur Störungsfrüherkennung an oszillierenden Verdrängerpumpen. Dissertation, TU Darmstadt, Düsseldorf: VDI Verlag, 2006. ISBN 3-18-510908-2

[Haw97] Hawibowo, S.: Sicherheitstechnische Abschätzung des Betriebszustandes von Pumpen zur Schadensfrüherkennung. Dissertation, TU Berlin, 1997.

[Hen00] Hennecke, F.-W.: Auf lange Sicht. Chemie Technik, Nr.10, 2000. S. 66-67.

[Hen06] Hennecke, F.-W.: Die Welt der Pumpen. Chemie Ingenieur Technik, 78 No. 12, 2006. S. 1772-1778.

[Her95] Hergt, P./ Brodersen, S./ Stoffel, B./ Ludwig, G.: The influence of prerotation on the leakage flow through sealing gaps in pumps. Second International Conference on Pumps and Fans, Peking, 1995.

[Her99] Hergt, P. Pump Research and Development: Past, Present, and Future. Journal of Fluids Engineering, Transactions of the ASME. Vol. 121, June 1999. pp. 248-252.

[Hes09] Hess, M.: Aufwertung von Wirkungsgrad und Druckziffer bei Axialmaschinen. Fachvortrag am Kolloquium Fluidenergiemaschinen, TU Darmstadt. 05.-06.03.2009.

[Hof01] Hofmann, M.: Ein Beitrag zur Verminderung des erosiven Potentials kavitierender Strömungen. Dissertation, TU Darmstadt, Düsseldorf: Shaker Verlag, 2001. ISBN 3-8265-9448-7

[Huh01] Huhn, D.: Störungsfrüherkennung an wellendichtlosen Pumpen durch bauteilintegrierte Sensorik. Dissertation, TU Kaiserslautern, Verlag Universität Kaiserslautern, 2001. ISBN 3-925178-62-7

[Huh03] Huhn, M.: Diagnose hydraulischer Fehlerzustände bei axialen Tauchmotorpumpen anhand des Körperschalls. TU Berlin, 2003.

[Hyd04] Hydraulic Institute/ Europump/ U.S: Department of Energy: Variable Speed Drive: A Guide to Successful Applications. May 2004.

[Hyd01] Hydraulic Institute/ Europump/ U.S. Department of Energy: Pump Life Cycle Costs: A Guide to LCC Analysis for Pumping Systems. January 2001.

[IEA96] IEA Annex 25, Hyvärinen, J.: Real time simulation of HVAC systems for building optimization, fault detection and diagnosis. Technical Papers of IEA Annex 25, International Energy Agency (IEA), Finland.

[Irr08] Irrek, W./ Thomas, S.: Definition Energieeffizienz, Wuppertal Institut für Klima, Umwelt, Energie GmbH.

URL (http://www.wupperinst.org/uploads/tx_wibeitrag/energieeffizienz_definition.pdf)

[Ise94] Isermann, R.: Überwachung und Fehlerdiagnose: moderne Methoden und ihre Anwendung bei technischen Systemen, Berlin: Springer, 1. Auflage, 1994. ISBN 3-540-62178-4 S.209-220

[Ise02] Isermann, R. et al.: Mechatronische Systeme für den Maschinenbau. Ergebnisse aus dem Sonderforschungsbereich 241. Weinheim: WILEY-VCH, 2002. ISBN 3-527-27730-7

[Ise06] Isermann, R.: Fault-Diagnosis-Systems. An Introduction from Fault Detection to Fault Tolerance. Berlin: Springer, 2006. ISBN 3-540-24112-4

[Ise08] Isermann, R.: Mechatronische Systeme. Berlin: Springer, 2. Auflage, 2008. ISBN 978-3-540-32336-5

[ISO99] Kreiselpumpen – Hydraulische Abnahmeprüfung Klassen 1 und 2. (ISO 9906:1999) Deutsche Fassung EN ISO 9906:1999.

[Kaf99]   Kafka, T.: Aufbau eines Störungsfrüherkennungssystems für Pumpen der Verfahrenstechnik mit Hilfe Maschinellen Lernens. Dissertation, TU Kaiserslautern, Verlag Universität Kaiserslautern, 1999.

[Kal94]   Kallweit, S.: Untersuchungen zur Erstellung wissensbasierter Fehlerdiagnosesysteme für Kreiselpumpen. Dissertation, TU Berlin, 1994.

[Ken97]   Kenull, T.: Zustandsdiagnose an Kreiselpumpen anhand instationärer Schwankungen der Motorstromaufnahme. Dissertation, TU Braunschweig, Mitteilungen des Pfleiderer-Instituts für Strömungsmaschinen Heft 7, Sulzbach: W.H. Faragallah, 1997. ISBN 3-929682-21-4

[Kig04a]   Kiggen M.: Gleitringdichtungsüberwachung. Tagungbeitrag. Pump Users International Forum 2004, 29.-30. September 2004.

[Kig04b]   Kiggen, M. et al.: Bauteilintegrierte Sensorik. Tagungbeitrag. Pump Users International Forum 2004, 29.-30. September 2004.

[Kig07]   Kiggen, M.: Störungsfrüherkennung an Kreiselpumpen mit Hilfe bauteilintegrierter Sensorik und Verfahren der explorativen Datenanalyse. Dissertation, Universität Kaiserslautern, Verlag Universität Kaiserslautern, 2007. ISBN 978-3-939432-31-9

[Kla04]   Klapp, U. et al.: Überwachung und Fehlerdiagnose an oszillierenden Verdrängerpumpen: Kriterien und Lösungsstrategien. Tagungbeitrag. Pump Users International Forum 2004, 29.-30. September 2004.

[Koh04]   Kohlhase, N.: Condition Monitoring Systeme für oszillierende Membranpumpen. Industriepumpen + Kompressoren, Heft 4/2004, S. 164-168, 2004.

[Koh04]   Kohlhase, N. et al.: Condition Monitoring Systeme für oszillierende Membranpumpen. Unterlagen zum Weiterbildungsseminar, Pump Users International Forum 2004, 29.-30. September 2004.

[Koh09a]   Kohlmann, B./ Schneider, S.: Pumpenpopulationen und Ausfallursachen in der Verfahrenstechnik.
URL (http://www.iml.fhg.de/2227.html)
Zugriff im August 2009

[Koh09b]   Kohlmann, B. / Schneider, S.: Warum fallen Kreiselpumpen aus? CHEManager, Ausgabe 01, 2009, S. 9.

[Kol01]   Kollmar, D.: Störungsfrüherkennung an Kreiselpumpen mit Verfahren des maschinellen Lernens. Dissertation, Universität Kaiserslautern, 2001. ISBN 3-925178-90-2

[Kol04]   Koltzsch, P.: Geräuscherzeugung durch Strömungen – Grundlagen und Überblick. Skriptum zur Vorlesung, TU Dresden, 2004.

[Kow97]	Kowalik, M./ Zulehner, W.: Zur Gestaltung eines verlustarmen Spiralgehäuses für Kreiselpumpen. Forschung im Ingenieurwesen. Band 46 Nr. 6, 1980
[KSB89]	KSB AG: Kreiselpumpen-Lexikon, Frankenthal, 1989.
[KSB06]	KSB: Pumping System Life Cycle Costs. Frankenthal: KSB Aktiengesellschaft, 2006.
[Lau94]	Lauer, J., Stoffel B.: Abschlussbericht zum Forschungsvorhaben „Theoretisch erreichbarer Wirkungsgrad", Fachgebiet Turbomaschinen und Fluidantriebstechnik, TU Darmstadt, 1994.
[Lau95]	Lauer, J. et al.: Dokumentation ETAMAX, 3.0 Berechnungssoftware zum Forschungsvorhaben „Theoretisch erreichbarer Wirkungsgrad", Fachgebiet Turbomaschinen und Fluidantriebstechnik, TU Darmstadt, 1995.
[Lau97]	Lauer, J., Stoffel, B.: Theoretische Untersuchungen zum maximal erreichbaren Wirkungsgrad von Kreiselpumpen. Industriepumpen + Kompressoren, Heft 4, Dezember 1997. S. 222-228.
[Lau99]	Lauer, J.: Einfluss der Eintrittsbedingungen und der Geometrie auf die Strömung in den Radseitenräumen von Kreiselpumpen. Dissertation, TU Darmstadt, Düsseldorf: Shaker Verlag, 1999.
[LeC95]	LeCoffre, Y.: Cavitation Erosion, Hydrodynamic Laws, Practical Method of Long Term Damage Prediction. CAV 1995.
[Loh01a]	Lohrberg, H.: Messung und aktive Kontrolle der erosiven Aggressivität der Kavitation in Turbomaschinen. Dissertation, TU Darmstadt, 2001.
[Loh01b]	Lohrberg, H./ Stoffel, B.: Measurement of Cavitation erosive Aggressiveness by means of Structure Born Noise. International Symposium on Cavitation, 2001.
[Lud92]	Ludwig, G.: Experimentelle Untersuchungen zur Kavitation am saugseitigen Dichtspalt von Kreiselpumpen sowie zu sekundären Auswirkungen des Spaltstromes. Dissertation, TU Darmstadt, 1992.
[Men06]	Menny, K.: Strömungsmaschinen. Hydraulische und thermische Kraft- und Arbeitsmaschinen. 5. Auflage. Wiesbaden: Teubner, 2006. ISBN 3-519-46317-2 S. 219-222
[Mes00]	Meschkat, S. et al.: Die thermodynamische Wirkungsgradmessung an Pumpen der Wasserversorgung. GWF Wasser/Abwasser – Magazin, 141 2000, Nr.10, S. 694-701
[Mes04]	Meschkat, S.: Experimentelle Untersuchung der Auswirkungen der Rotor-Stator-Wechselwirkungen auf das Betriebsverhalten einer Spiralgehäusepumpe. Dissertation, TU Darmstadt, 2004.

[Möh76]   Möhring, U.K.: Untersuchung des radialen Druckverlaufs und des übertragenden Drehmomentes im Radseitenraum von Kreiselpumpen bei glatter, ebener Raseitenraumwand und bei Anwendung von Rückenschaufeln. Dissertation, TU Braunschweig, 1976.

[Mül07]   Müller, J.: Automatisierung des Engineerings kommunikationsfähiger Anlagenkomponenten im Anlagennahen Asset Management in der Prozessindustrie. Dissertation, RWTH Aachen, Düsseldorf: VDI Verlag, 2007. ISBN 978-3-18-213508-8

[Mül04]   Müller-Petersen, R. et al.: Zustandsdiagnose an Kreiselpumpen durch Online-Überwachung der Motorstromaufnahme im Feldversuch. Tagungsbeitrag. Pump Users International Forum 2004, 29.-30. September 2004.

[Mül08]   Müller-Petersen, R.: Entwicklung eines Zustandsdiagnosesystems für Unterwassermotorpumpen. Dissertation, TU Braunschweig, Mitteilungen des Pfleiderer Instituts für Strömungsmaschinen, Heft 12/08, Sulzbach: W.H. Faragallah, 2008. ISBN 3-929682-42-7

[Mün99]   Münch, A.: Untersuchungen zum Wirkungsgradpotential von Kreiselpumpen. Dissertation, TU Darmstadt, Düsseldorf: Shaker Verlag, 1999.

[Ngu00]   Nguyen, N-T. et al.: Integrated flow sensor for in situ measurement and control of acoustic streaming in flexural plate wave micropumps. Sensors and Actuators 79, 2000. pp. 115–121.

[Nol91]   Nold, S.: Wissensbasierte Fehlererkennung und Diagnose mit den Fallbeispielen Kreiselpumpe und Drehstrommotor. Dissertation, TH Darmstadt, Düsseldorf: VDI Verlag, 1991. ISBN 3-18-147308-1

[Nug04]   Nuglisch, K. et al.: Erprobung eines Störungsfrüherkennungssytems für Kreiselpumpen mittels Feldversuch in einer verfahrenstechnischen Anlage. Tagungbeitrag. Pump Users International Forum 2004, 29.-30. September 2004.

[Ora08]   Orant, M.: Optimierte Drehzahlregelung senkt Energiekosten in Kläranlage. Δp, Januar 2008. S. 44-46.

[Pel07]   Pelz, P.: Fluidenergiemaschinen. Folien zur Vorlesung an der TU Darmstadt, 2007.

[Per98]   Pereira, F./ Avellan, F/ Dupont, Ph.: Prediction of Cavitation Erosion: An Energy Approach. Journal of Fluids Engineering, Vol. 20, December 1998. pp. 719-727

[Pfl55]   Pfleiderer, C.: Die Kreiselpumpen für Flüssigkeiten und Gase. Berlin: Springer, 1955.

[Pfl05]	Pfleiderer, C./ Petermann, H.: Strömungsmaschinen. Berlin: Springer, 7. Auflage, 2005. ISBN 3-540-22173-5, S. 282
[Ple71]	Plesset, M./ Chapman, R.: Collapse of an initially spherical vapour cavity in the neighbourhood of a solid boundary. Journal of Fluid Mechanics, Vol. 47 Part 2, 1971. pp. 283-290
[Pro09]	N.N.: Website – Proemtec: Glossar: Druck- und Temperaturmesstechnik (URL:http://www.proemtec.de/glossar/g_k.html) Zugriff im August 2009
[Rat09]	Ratka, J.: Cavitation Resistance of Selected Copper Alloys. (URL:http://www.brushwellman.com/WorkArea/downloadasset.aspx?id=37 4 – Ähnlich) Zugriff im August 2009
[Rei06a]	Reichling, M.: Gläserne Pumpen. Chemie Technik, Mai 2006. S. 12-14.
[Rei06b]	Reichling, M.: Betriebskosten reduzieren durch innovative und kommunikationsfähige Pumpen. IKZ Fachplaner, Heft 3, 2006. S. 14-17.
[Rot05]	Roth, Miriam: Akustische Messung der Kavitationsaggressivität in Ventilen, Abschlussbericht, TU Darmstadt 2005.
[Rüt58]	Rütschi, K.: Zur Wirkungsgradaufwertung von Strömungsmaschinen, Verhalten einer Einzelmaschine und einer Reihe von Maschinen verschiedener Grösse. Schweizerische Bauzeitung – 76(1958) 41, 1958.
[Sak00]	Sakamoto, A./ Funaki, H.: Quantitative prediction of Erosive Damage to Metallic Materials exposed to Cavitation Attack. International Cavitation Erosion Test Seminar, Gdańsk-Jelitkowo, 1-2nd June 2000.
[Sch35]	Schultz-Grunow, F.: Der Reibungswiderstand rotierender Scheiben in Gehäusen. Zeitschrift für angewandte Mathematik und Mechanik, 15/4, 1935.
[Sch79]	Schilling, R.: Strömung in Radseitenräumen von Kreiselpumpen. Habilitationsschrift, TH Karlsruhe, 1979.
[Sch95]	Schuller, W.: Akustische Signale und lokale Druckimpulse als Maß für die hydrodynamische Intensität der Kavitation. Dissertation, TU Darmstadt, Düsseldorf: Shaker Verlag, 1995.
[Sch97]	Schlichting, R.: Grenzschicht-Theorie. 9. Auflage, Berlin: Springer, 1997.
[Sch98]	Schenkel, S: Modellierung und numerische Simulation der Strömungsvorgänge am Laufradaustritt von Turboarbeitsmaschinen. Dissertation, TU Darmstadt, Düsseldorf: Shaker Verlag, 1998.

[Sch00]	Schäfer, M.: Numerische Berechnungsverfahren im Maschinenbau. Skriptum zu Vorlesung, TU Darmstadt, 2000.
[Sin07]	Singrün, C.: Ökoeffiziente Pumpen und Systeme – Handlungsfelder und Chancen. Experten-Workshop Ökodesign, 3. Mai 2007.
[Spu07]	Spurk, J.H., Aksel, N.: Strömungslehre: Einführung in die Theorie der Strömungen. Berlin: Springer, 7. Auflage 2007. ISBN 3-540-38439-1 S.101-104; 235
[Sta72]	Stampa, B.: Experimentelle Untersuchung an axial durchströmten Spaltdichtungen. Dissertation, TU Braunschweig, 1972.
[Ste99]	Sterm, F. et al.: Verification and validation of CFD simulations. Proceedings of the 3rd ASME/JSME Fluids Engineering Conference, San Francisco California, July 18-23 1999.
[Sto80]	Stoffel, B.: Versuche an Kreiselpumpen bei unterschiedlichen Flüssigkeitseigenschaften. Haus der Technik, Seminar 5-3-823-05-0, 1980.
[Sto93]	Stoffel, B.: Der Dichtspalt in Kreiselpumpen – ein sehr einfaches Element mit sehr komplexen Auswirkungen. Mitteilungen des Instituts für Strömungslehre und Strömungsmaschinen der Universität Karlsruhe, Nr. 46, 1993.
[Sto00]	Stoffel, B.: Kavitation. Skriptum zur Vorlesung an der TU Darmstadt, 2000
[Sto01]	Stoffel, B: Turbomaschinen I und II. Skriptum zur Vorlesung an der TU Darmstadt, 2001.
[Str02]	Striedinger, R.: Ein Beitrag zur Bedeutung der Wasserqualität und von Maßstabsgesetzen in Kreiselpumpen bei beginnender Kavitation. Dissertation, TU Darmstadt, Düsseldorf: Shaker Verlag, 2002. ISBN 3-8322-0117-3
[Sur66]	Surek, D.: Untersuchung der Radreibungs- und Undichtheitsverluste in Radialpumpen. Maschinenbautechnik, 15 Heft 7, 1966.
[Sur07]	Surek, D./ Stempin, S.: Angewandte Strömungsmechanik für Praxis und Studium. Wiesbaden: Teubner, 2007. ISBN 978-3-8351-0118-0 S. 353-353
[Tam00]	Tam, K.F./ Cheng, F.T./ Man, H.C.: Improvement of Cavitation Erosion Resistance and Corrosion Resistance of Brass by Laser Surface Modification. Mat. Res. Soc. Symp. Vol. 617, 2000.
[Tam02]	Tamm, A: Beitrag zur Bestimmung der Wirkungsgrade einer Kreiselpumpe durch theoretische, numerische und experimentelle Untersuchungen. Dissertation, TU Darmstadt, Düsseldorf: Shaker Verlag, 2002. ISBN 3-8322-1645-6

Literaturverzeichnis 143

[Tam02]   Tamm, A. et al.: The influences of gap clearance and surface roughness on leakage loss and disc friction of centrifugal pumps. Proceedings of ASME, Montreal, Canada, July 14-18, 2002.

[Tam03]   Tamm, A. et al.: Einfluss von betriebsbedingter Spalterweiterung und Zunahme der Oberflächenrauheit auf den Wirkungsgrad und die Lebensdauerkosten von Kreiselpumpen. XXXV. Kraftwerkstechnisches Kolloquium, Dresden, 23.-24.Oktober, 2003.

[Tra04]   Trautmann, C.: Auslegung zentraler Entlastungseinrichtungen zur Axialschubkompensation und zur rotordynamischen Beurteilung an einer mehrstufigen Hochdruck-Gliederpumpe. Dissertation, Universität Kaiserslautern, 2004.

[Tre02]   Treutz, G.: Numerische Simulation der instationären Strömung in einer Kreiselpumpe. Dissertation, TU Darmstadt, 2002

[USP92]   United States Patent: Centrifugal Pump with flow measurement. Patent Number US 005 129 264 A, 1992.

[VCI08]   Verband der Chemischen Industrie (VCI): Chemiewirtschaft in Zahlen, 2008. URL (http://www.vci.de/Publikationen)

[Vet07]   Vetter, G.: Hydroabrasiver Verschleiß in Dichtspalten. Industriepumpen + Kompressoren, Heft 4, Dezember 2007.

[Vog08]   Vogelsang, H.: An introduction to energy consumption in pumps. World pumps, January 2008.

[Wag90]   Wagner, K.: Hydrodynamische und akustische Untersuchungen zur Kavitation im Einflussbereich der Spaltströmung bei Kreiselpumpen an einem vereinfachten Modell. Dissertation, TU Darmstadt, Düsseldorf: Shaker Verlag, 1990.

[Wan01]   Wang, K. et al.: Using B-spline neural network to extract fuzzy rules for a centrifugal pump monitoring. Journal of Intelligent Manufacturing 12, pp. 5-11, 2001.

[Wan06]   Wang, J. et al.: Vibration-based fault diagnosis of pump using fuzzy technique. Measurement, Bd. 39, 2006. pp. 176-185.

[Wat07]   Watton, J.: Modelling, Monitoring and Diagnostic Techniques for Fluid Power Systems, Berlin: Springer, 2007. ISBN 1-846-283-736. pp. 303-320.

[Web71]   Weber, D.: Experimentelle Untersuchung an axial durchströmten kreisringförmigen Spaltdichtungen an Kreiselpumpen. Dissertation, TU Braunschweig, 1971.

[Wil07]   Wilde, M.: Praxisbeispiele von Schadensvermeidung durch Zustandsüberwachung. Industriepumpen + Kompressoren, Heft 4/2007, S. 192-194, 2007.

[Wil09]   Wilo AG: Lebenszykluskosten und Energiesparpotentiale im Anlagenmanagement.
URL (http://www.wilo.hu/cps/rde/xbcr/hu-hu/LCC_Broschuere_DE.pdf)
Zugriff im August 2009

[Wol02]   Wolfram, A.: Komponentenbasierte Fehlerdiagnose industrieller Anlagen am Beispiel frequenzumrichtergespeister Asynchronmaschinen und Kreiselpumpen. Dissertation, TU Darmstadt. Düsseldorf: VDI Verlag, 2002. ISBN 3-18-396708-1

[Wur04]   Wurm, F.H.: Systemintegration von Pumpen. Tagungsbeitrag. Pump Users International Forum 2004, 29.-30. September 2004.

[Yu04]   Yu, H.Q./ Blandin, J.J./ Salvo, L.: Comparison between 2D and 3D Characterisations of Damage Induced by Superplastic Deformation. Trans. Materials Science Forum Vols. 447-448, 2004. pp. 55-60

[Yua06]   Yuan, S.-F. et al.: Support vector machines-based fault diagnosis for turbopump rotor, Mechanical Systems and Signal Processing 20, 2006. pp. 939–952.

[Zeq03]   Zeqiri, B. et al.: A Novel Sensor for Monitoring Acoustic Cavitation. Part I: Concept, Theory, and Prototype Development. IEEE transactions on ultrasonics, ferroelectrics, and frequency control, vol. 50, no. 10, October 2003

[Zil73]   Zilling, H.: Untersuchung des Axialschubes und der Strömungsvorgänge in den Radseitenräumen einer einstufigen radialen Kreiselpumpe mit Leitrad. Sonderdruck aus: Strömungsmechanik und Strömungsmaschinen 15, TH Karlsruhe, 1973.

[Zog02]   Zogg, D.: Fault diagnosis for heat pump systems. Dissertation ETH N° 14594. ETH Zürich, Measurement and Control Laboratory, 2002.

[Zog06]   Zogg, D./Shafai, E./Geering, H.P.: Fault diagnosis for heat pumps with parameter identification and clustering. Control Engineering Practice 14, 2006. pp. 1435–1444

Der disserta Verlag bietet die kostenlose Publikation
Ihrer Dissertation als hochwertige
Hardcover- oder Paperback-Ausgabe.

Fachautoren bietet der disserta Verlag
die kostenlose Veröffentlichung professioneller Fachbücher.

Der disserta Verlag ist Partner für die Veröffentlichung
von Schriftenreihen aus Hochschule und Wissenschaft.

Weitere Informationen auf www.disserta-verlag.de